全国医学高职高专实验教材

（供临床、护理、口腔、药学、检验、影像、康复医学类专业使用）

分析测试技术实验指导

FEN XI CE SHI JI SHU SHI YAN ZHI DAO

主　编　杨艳杰　于海英

副主编　何新蕾　李先佳

编　委　（以姓氏笔画为序）

丁素君	于海英	王晓宁	王　烨
尹　丽	朱宝安	杜兵兵	何弘水
何新蕾	李先佳	李品艾	张　静
张军要	张　瑶	宗自卫	杨艳杰
常陆林	梁树才	程红娜	睢超霞

中国医药科技出版社

内 容 提 要

　　本书是全国医学高职高专实验教材之一,以分析测试实验技术为主线,分别介绍了实验室基本知识和有关的实验技术。提供了学生或实习人员操作训练的内容,旨在培养学生基本操作技能以及独立工作能力、科学思维方法、严谨科学作风、实事求是科学态度。适合临床、护理、口腔、药学、检验、影像、康复医学类专业的高职高专学生使用。

图书在版编目(CIP)数据

分析测试技术实验指导/杨艳杰,于海英主编 . —北京:中国医药科技出版社,2011.9
全国医学高职高专实验教材
ISBN 978 - 7 - 5067 - 5137 - 7

Ⅰ.①分… Ⅱ.①杨… ②于… Ⅲ.①分析化学 - 化学实验 - 高等职业教育 - 教材
Ⅳ.①O652.1

中国版本图书馆 CIP 数据核字(2011)第 167557 号

美术编辑 陈君杞
版式设计 郭小平

出版　中国医药科技出版社
地址　北京市海淀区文慧园北路甲 22 号
邮编　100082
电话　发行:010 - 62227427　邮购:010 - 62236938
网址　www.cmstp.com
规格　787×1092mm¹⁄₁₆
印张　9¾
字数　206 千字
版次　2011 年 9 月第 1 版
印次　2021 年 1 月第 20 次印刷
印刷　三河市百盛印装有限公司
经销　全国各地新华书店
书号　ISBN 978 - 7 - 5067 - 5137 - 7
定价　20.00 元
本社图书如存在印装质量问题请与本社联系调换

《全国医学高职高专实验教材》
编审委员会

前 言
preface

为更好地适应医学院校实验教学改革，提高实验教学质量，我们根据化学、生物化学实验教学的目标和基本要求，在过去多年实验教学实践和改革研究的基础上，进行了综合整理并编写了本书。

本书在内容编写方面，以实验技术为主线，打破原有的实验教学模式和学科界限，重组实验内容，确立了以突出能力培养和提高学生科学素质为宗旨的实验课新体系。在选材上突出其实用性、医用性、探索性和趣味性。编写形式不拘一格，旨在拓宽学生的视野。

书中第一部分介绍了实验室基本知识，第二部分介绍有关的实验技术。介绍了学生或实习人员操作训练的内容，涉及知识面较广，且有一定深度。这些内容既可验证、巩固和充实部分重要理论和概念，又对学生基本操作技能的训练、基本知识的获取以及独立工作能力、科学思维方法、严谨的科学作风、实事求是的科学态度的培养起着重要的作用。

本书在编写过程中，得到了校领导、教务处、基础部及化学、生化教研室老师的大力支持和帮助，在此一并表示感谢。

限于编者水平，加之时间仓促，书中难免有不妥和疏漏之处，敬请读者提出宝贵意见，以便进一步修订完善。

编　者
2011 年 4 月

目 录
contents

第一部分　实验室基本知识

第二部分　实验项目

第一部分
实验室基本知识

>>>

一、分析测试实验的目的、要求

（一）实验课的目的

化学是一门以实验为基础的自然科学，分析测试实验在化学、生物化学教学中占有重要地位。分析测试实验的目的主要是：①使学生通过实验加深对课堂上讲授的基本原理和基础知识的理解、掌握和应用；②训练学生正确、熟练地掌握分析测试实验的基本操作方法和操作技能，提高实际工作能力；③提高学生观察事物、发现问题、分析和解决问题的能力；④培养学生独立工作和独立思考的能力，提高创新意识；⑤培养学生理论联系实际、实事求是的科学态度及严谨认真、一丝不苟的工作作风和行为习惯。

（二）实验课的要求

1. 认真预习 实验前要认真阅读实验教材，复习与实验有关的理论。通过预习，明确实验目的，掌握实验原理和方法，熟悉实验内容、步骤及实验注意事项。实验前应先写好预习实验报告，绘出适当的表格，以方便实验时及时、准确地进行记录。

2. 做好实验 严格遵守实验操作规程，仔细观察实验现象，并及时、准确地做好记录。实验过程中要勤于思考，认真分析，要学会用有关的理论解释实验中的问题。若实验中发现实验现象与理论不相符合，应尊重事实，认真分析和查找原因，可以做对照实验、空白实验或多次重做此实验来核对，以得到正确结论，并将实验现象和结果如实记录下来，写入实验报告。

3. 书写实验报告 实验做完后，应及时、独立、认真书写实验报告，交实验指导老师审阅。实验报告要求条理清晰，简明扼要，字迹工整。实验报告的内容主要包括：①实验题目、实验日期；②实验目的及基本原理；③实验内容、操作步骤（包括实验注意事项）、现象及分析或结论；④实验计算结果和实验讨论，讨论实验结果的误差来源、经验教训等。

二、实验室规则

（一）实验规则

（1）实验前应结合实验相关内容认真预习，明确实验的目的要求，弄清有关实验的基本原理、操作步骤、方法以及安全注意事项，要做到心中有数，确保有计划地进行实验。

（2）实验开始前要清点仪器和试剂，如有短缺或破损，应报告老师要求补领。实验过程中仪器若有损坏，应立即报告老师，办理登记换领手续。

（3）实验过程中要正确操作，正确使用各种仪器和药品，仔细观察，认真记录和思考。要随时把观察到的现象以及反应式、数据、计算和结论等准确而简明地记录在实验记录本上。实验进行过程中不得擅自离开操作岗位。

（4）严格遵守实验室各项制度。使用精密仪器时，必须严格按照操作规程进行。如发现仪器有故障，应立即停止使用，并报告老师，及时排除故障。爱护公共财物，注意安全，爱护仪器，节约药品，不浪费水、电、煤气等。保持实验室安静和整洁。

（5）公用仪器和药品用毕后要及时放回原处。废物、废液、火柴梗等应倒入废物缸或其他规定的回收容器内，严禁乱扔乱丢，不准倒入水槽内，以免水槽和下水道堵塞和腐蚀。

（6）实验结束时，要把所用仪器清洗干净，放置整齐，并将实验台面、水槽和实验室地面清理整洁。离开实验室前要检查煤气、自来水、电以及门窗是否关好，报告指导老师且得到允许后方可离开实验室。

（7）根据原始记录，认真书写实验报告，按时交给指导老师。

（二）药品使用规则

（1）取用药品、试剂时应认准瓶签上的名称、规格，切勿拿错。

（2）必须依照实验指导中所规定的剂量进行实验。如果没有注明剂量，应尽可能取用小量药品进行实验。取出的药品、试剂未用完时不得放回原瓶，以免沾污原瓶内药品、试剂，应倒入老师指定的容器中。

（3）药品和试剂用毕后应立即盖好瓶塞，放回原处。

（4）固体药品要用药匙来取用，药匙必须保持清洁和干燥，用后应立即擦拭干净。

（5）如用吸管吸取试剂时，不得用吸过其他试剂或未经洗净的吸管去吸取。从滴瓶中取用试剂时应防止张冠李戴，插错滴管，污染试剂。

（6）要求回收的试剂，应放入指定的回收容器中。

（三）安全操作规则

化学药品中，有很多是易燃、易爆、腐蚀性和有毒性的。在进行实验时，首先必须在思想上重视安全问题，绝不能麻痹大意；其次，实验前应充分了解本实验中的安全注意事项，在实验中要集中注意力，严格遵守操作规程，避免事故发生。

（1）任何易挥发、易燃、易爆物质的实验操作都要在离火源较远的地方进行，并严格按照操作规程操作。若遇酒精、汽油、乙醚等易燃物质着火时，应立即用砂土或湿布覆盖灭火，切勿用水浇泼。

（2）使用有毒、有刺激性的气体的操作都要在通风橱内进行。需要借助于嗅觉判别气体时，绝不能将鼻子直接对着瓶口或管口，而应当用手将少量气体轻轻煽向自己的鼻孔。

（3）加热、浓缩液体的操作要十分小心，不能俯视加热液体，加热的试管口不能对着自己或他人。浓缩溶液时，特别是有晶体出现之后，要不停地搅拌，决不能离开工作岗位。有条件的应尽可能戴上防护眼镜。

（4）严禁在实验室内饮、食、抽烟等。有毒的药品（如铬盐、钡盐、铅盐、砷的化合物、汞及汞的化合物、氰化物等）应严格防止进入口中或接触到伤口。有毒的废液禁止倒入下水道，应回收后集中处理。

（5）浓酸、浓碱具有强腐蚀性，使用时，一定注意不要溅在皮肤或衣服上，更应注意保护眼睛。稀释浓硫酸时，应在不断搅拌下将浓酸慢慢倒入水中，而不能将水倒入浓硫酸中，以免迸溅而造成事故。

（6）严禁任意混合各种化学药品，以免发生意外事故。

（7）实验室所有的药品不得携出室外，用剩的有毒药品应交还给老师。

（8）水、电、煤气使用完毕后应及时关闭。

（9）每次实验结束，应将手洗净后再离开实验室。

三、常用仪器介绍

在分析测试实验中，会用到许多基本的实验仪器，现将部分仪器列于下表。

分析测试实验基本仪器

仪器名称	一般用途	注意事项
试管	①用作少量试剂的反应容器 ②收集少量气体	①可直接加热，加热时外壁要擦干，用试管夹夹住或用铁夹固定在铁架台上 ②加热固体时，管口略向下倾斜，固体平铺在管底，先使试管均匀受热，再固定部位加热 ③加热液体时，管口向上倾斜，与桌面成45°，管口切忌对人，液体量不超过容积的1/3 ④加热后不能骤冷，防止炸裂
试管夹	用于夹持试管	①夹持试管时，试管夹应从试管底部套入，夹于距试管口2~3cm处 ②右手握住试管夹的长把柄，右手拇指切忌按试管夹的短把柄（即活动把柄） ③防止烧损和腐蚀
烧杯	①配制溶液 ②用作较大量试剂的反应容器	①加热时应放置在石棉网上，不可直接用火加热 ②加热液体时，液体量不超过容积的1/2，不可蒸干 ③溶解时要用玻璃棒轻轻搅拌
烧瓶	①用作较多液体参加的反应容器 ②装配气体发生装置	①平底烧瓶一般不做加热仪器 ②圆底烧瓶加热要垫石棉网，并固定在铁架台上，防止骤冷
表面皿	用于覆盖烧杯、漏斗等器皿	①不能用火直接加热 ②不能做蒸发皿用 ③直径要略大于所盖容器

仪器名称	一般用途	注意事项
蒸发皿	用于蒸发溶剂，浓缩溶液	①蒸发皿可放在三脚架上直接加热，也可用石棉网、水浴、沙浴等加热，不能骤冷 ②蒸发溶液时不能超过容积的2/3，加热过程中可用玻璃棒搅拌 ③在蒸发、结晶过程中，不可完全蒸干
酒精灯	用于加热	①使用前应检查灯芯和酒精量（不能少于容积的1/4，也不能超过容积的2/3） ②点火时禁止用燃着的酒精灯去点燃另一盏酒精灯，严禁在点燃状态下向灯内添加酒精 ③不用时立即用灯帽盖灭，不能用嘴吹灭
石棉网	使容器均匀受热	①根据需要选用适当大小的石棉网 ②不能与水接触
胶头滴管	用于吸取和滴加少量液体	①滴加试剂时，管口应垂直向下，不要接触容器壁 ②胶头滴管用过后应立即洗净
滴瓶	用于盛放液体药品（需避光保存的应盛放在棕色瓶内）	①滴管与滴瓶配套使用 ②滴瓶口为磨口，不能盛放碱液 ③酸和其他能腐蚀橡胶制品的液体不宜长期盛放在瓶内 ④滴管用毕应及时放回原瓶
角匙	用于取固体试剂	①根据试剂的需要量，可选用一端 ②药匙用毕，需洗净揩干

续表

仪器名称	一般用途	注意事项
研钵	用于研磨固体物质或进行粉末状固体的混和	①不能加热、锤击或用力过猛 ②固体物质的量不宜超过研钵容积的1/3 ③不能将易爆物质混合研磨
量筒	用于量取一定体积的液体	①根据需要选用不同容积的量筒 ②不能加热，不能做反应容器
移液管（吸量管）	用于准确量取一定体积的液体	①吸量管使用后，应洗净放在吸量管架上 ②吸量管在实验中应与溶液一一对应，以避免相互污染
容量瓶	用于准确配置一定体积的溶液	①用前检查是否漏水，要在所标温度下使用 ②加液体用玻璃棒引流，定容时凹液面与环形刻度线相切，不可直接溶解溶质 ③不能长期存放溶液，不能加热或配制热溶液
试剂瓶	放置试剂用。广口瓶用于盛放固体药品；细口瓶用于盛放液体药品；不带塞子的广口瓶可用作集气瓶	①需避光保存的一般使用棕色瓶 ②盛放强碱固体或溶液时，应用胶塞和软木塞 ③不能用于配制溶液，也不能用作反应容器 ④不能加热，瓶塞不可互换
点滴板	做显色或沉淀点滴实验时用	①带色反应适于在白色点滴板上进行 ②白色或浅色沉淀反应适于在黑色点滴板上进行 ③试剂常用量为2~3滴

仪器名称	一般用途	注意事项
 铁架台和铁圈	①用于固定或放置反应容器 ②铁圈可代替漏斗架放置漏斗用	①先要调节好铁圈、铁夹的距离和高度 ②用铁夹夹持容器不宜过紧，以能转动而又掉不下来即可
 分液漏斗	①有球形、锥形和筒形等多种式样 ②球形漏斗的颈较长，多用于向反应体系中滴加较多液体的仪器 ③锥形分液漏斗的颈较短，常用做萃取操作（液－液分离）的仪器	①使用前应检查旋塞处是否漏水，不漏水的分液漏斗方可使用 ②漏斗内加入的液体量不能超过容积的3/4 ③放液时，磨口塞上的凹槽与漏斗口颈上的小孔要对准 ④分液漏斗不能加热 ⑤漏斗用后要洗涤干净。长时间不用的分液漏斗要把旋塞处擦拭干净，塞芯与塞槽之间放一纸条，以防磨砂处粘连
 布氏漏斗和吸滤瓶	①用于减压过滤 ②常用于有机化学实验中提取结晶	使用时先用水或相应溶剂把滤纸润湿，抽一下，使滤纸紧靠在漏斗底端，可以防止待过滤的东西漏掉
 干燥器	①定量分析时将灼烧过的坩埚置于其中冷却 ②存放试样，避免试样吸收水分	①灼烧过的物体放入干燥器时温度不能过高 ②使用前要检查干燥器内的干燥剂是否失效
 称量瓶	准确称量一定量的固体	①瓶的盖子是磨口配套的，不得互换 ②使用时不得直接用手拿取，应用纸带缠绕拿取 ③称量瓶使用前应洗净烘干，不用时应洗净，在磨口处垫一小纸，以方便打开盖子

续表

仪器名称	一般用途	注意事项
坩埚	①溶液的蒸发、浓缩或结晶 ②灼烧固体物质	①坩埚灼热时放在泥三角上，直接加热，灼热的坩埚不能骤冷 ②坩埚加热后用坩埚钳取下，不可直接将其置于桌上，应放在石棉网上
泥三角	用于灼烧时放置坩埚和蒸发皿	①不能强烈撞击，以免损坏瓷管 ②灼热的泥三角不能在水中冷却，以免瓷管破裂

四、玻璃仪器的清洗

（1）新购来的玻璃仪器，其表面附有游离碱质，先用流水冲洗后，浸泡于 1% ~ 2% 的 HCl 溶液中过夜，再用流水冲洗，最后用蒸馏水冲洗 2 ~ 3 次，晾干或烘干备用。

（2）一般的玻璃仪器，如试管、烧杯、烧瓶、锥形瓶等，先倒出其中废液，注入约一半容量的自来水稍用力振荡后把水倒掉，重复 2 ~ 3 次后，选用大小合适的毛刷蘸取去污粉或肥皂水，将器皿内外壁细心刷洗干净，再用自来水冲洗数次，直至容器内壁水分均匀分布（不挂水珠），然后用蒸馏水冲洗 2 ~ 3 次，倒置清洁处晾干或用干燥箱烘干。

（3）对于容量仪器，如容量瓶、移液管、吸量管、滴定管、量筒等，使用后及时用流水冲洗干净，稍干后用铬酸洗液浸泡数小时，再用自来水反复冲洗干净，然后用蒸馏水冲洗 2 ~ 3 次，晾干备用。注意不可用加热的方法干燥，以免影响仪器的精密度。

（4）使用完比色杯后，随即用自来水冲洗干净，如洗不净，可用盐酸或适当的溶剂冲洗后，再用自来水冲洗，洗净后用蒸馏水冲洗 2 ~ 3 次，倒置晾干备用。注意切忌用试管刷、粗糙的布或纸擦洗，以免损坏比色杯的透光度，亦应避免用较强的碱液或强氧化剂清洗。

五、化学试剂的规格

化学试剂的规格是以其中所含杂质的多少来划分的，根据国家标准（GB）及部颁标准，一般可分为四级，其规格和适用范围如下表。

化学试剂的规格

试剂规格	保证试剂	分析纯试剂	化学纯试剂	实验试剂
	一级	二级	三级	四级
标签颜色	绿色	红色	蓝色	棕色或黄色
符号	G. R.	A. R.	C. R.	L. R.
适用范围	精密的分析及研究工作	大多数的分析研究及教学实验工作	一般性的化学实验及教学工作	简单化学实验

　　此外，还有光谱纯试剂、基准试剂等。光谱纯试剂（符号 S. P. ）主要用于光谱分析中的标准物质。基准试剂用作滴定分析中的基准物质非常方便，也可用于直接配制标准试剂。

　　在分析测试工作中，选用的试剂纯度要与所用方法相当，实验用水、操作器皿等要与试剂的等级相适应。若试剂都选用 G. R. 级，则不宜使用普通的蒸馏水或去离子水，而应使用重蒸馏水，所用器皿的质地要求也较高，使用过程中不应有物质溶解，以免影响测定的准确性。

　　选用试剂时，要注意节约原则，勿盲目追求高纯度，应根据具体要求取用。对所用试剂的规格有所怀疑时应进行鉴定。

（杨艳杰）

第二部分
实验项目

>>>

第一章　基本操作实验

实验一　分析测试实验基本操作

一、实验目的

（1）熟悉常用的分析测试实验仪器。

（2）掌握常用分析测试实验仪器的洗涤、使用方法。

（3）掌握分析测试实验的目的和实验室规则，认识和清点常用仪器。

二、实验原理

常用的分析测试实验仪器有酸式滴定管、碱式滴定管、移液管、容量瓶、锥形瓶、小烧杯、洗瓶等。

1. 滴定管　滴定管是一种细长的刻度玻管，可准确测量所放出液体的体积。常用滴定管的容积一般为 25mL 或 50mL，分为酸式滴定管和碱式滴定管两种。酸式滴定管具有玻璃活塞开关，碱式滴定管下端连接一软橡皮管，内放一玻璃珠，以控制溶液的流速，橡皮管的下端连一尖嘴玻璃管。如图 1 – 1 所示。

酸式滴定管用以装酸、酸性溶液、氧化剂、还原剂、$AgNO_3$ 及 EDTA 等溶液，碱式滴定管用以装碱、碱性溶液。

（1）洗涤　滴定管使用前首先要洗净。无明显油污的滴定管，可直接用自来水冲洗。若有油污，可用滴定管刷蘸肥皂水刷洗，或用铬酸洗液洗涤。洗时应先关好活塞，每次将 10 ~ 15mL 洗液倒入滴定管中，两手平托滴定管，并不断碾动，直至洗液布满全管为止。然后打开活塞，将洗液放回原瓶中。若油污严重，可倒入温洗液浸泡一段时间。用洗液洗过的滴定

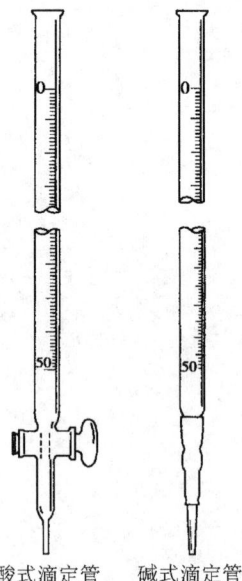

酸式滴定管　　碱式滴定管

图 1 – 1　酸式和碱式滴定管

管，先用自来水冲洗干净，再用少量蒸馏水润洗 2 ~ 3 次。洗净的滴定管，内壁应完全被水润湿而不挂水珠。

　　碱式滴定管的洗涤方法同上，但要注意铬酸洗液不能接触橡皮管。为此可将碱式滴定管倒立于装有铬酸洗液的玻璃槽内浸泡，或用橡皮管接于水泵上，轻捏玻璃珠，将洗液徐徐抽至近橡皮管处，让洗液浸泡一段时间后，再把洗液放回原瓶，然后用自来水冲洗干净后，用蒸馏水润洗 2～3 次。

　　（2）查漏　将已洗净的滴定管装入水，竖直固定在滴定管架上，观察 2 分钟，如无水滴滴下，缝隙中也无水渗出，将活塞转动 180°，再观察 2 分钟，仍无水滴滴下，缝隙中也无水渗出，表示滴定管不漏水。

　　酸式滴定管漏水，可按下法处理：倒出滴定管中的水，把滴定管平放在桌面上，再取下玻璃活塞，用洁净的滤纸或纱布擦干活塞及活塞槽，用手指在活塞的两头抹上薄薄的一层凡士林，不要涂到中间有孔处，以免凡士林堵住活塞孔，如图 1-2 所示。然后把活塞插入活塞槽内，转动活塞，从外面观察活塞与活塞槽接触的地方是否呈透明状态，转动是否灵活，并检查活塞是否漏水。如不合要求则需重新涂凡士林。

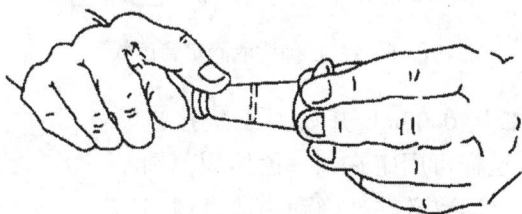

图 1-2　活塞涂抹凡士林

　　若碱式滴定管漏水，可将橡皮管中的玻璃珠稍加转动，或者略微向上推或向下移动一下。这样处理后仍然漏水，则需更换玻璃珠或橡皮管。

　　（3）装液　为了使装入滴定管的溶液（标准溶液或待测溶液）不被滴定管内壁的水稀释，应先用所装溶液润洗滴定管。往滴定管注入所装溶液约 5～6mL，然后两手平端滴定管，慢慢转动，使溶液流遍全管。打开滴定管的活塞，使润洗液从管口下端流出至废液杯中。如此润洗 2～3 次后，即可装入溶液。装溶液时要直接从试剂瓶注入滴定管，不要再经过漏斗等其他容器。

　　（4）排气　溶液装入滴定管后，应检查活塞附近及橡皮管内有无气泡，如有气泡应予排除。酸式滴定管可打开活塞使溶液冲下将气泡排除。碱式滴定管可将橡皮管向上弯曲，并用力挤捏玻璃珠两侧使气泡随溶液流出而排掉，如图 1-3 所示。

　　气泡排除后，加入标准溶液至"0"刻度以上，再转动活塞或挤捏玻璃珠，把液面调节在 0.00mL 刻度处或略低于"0"刻度处。

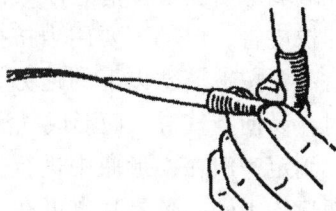

图 1-3　碱式滴定管排气泡

　　（5）读数　常用滴定管容积为 25mL 和 50mL，最小刻度为 0.1mL，读数可估计到 0.01mL。在读数时，用右手大拇指和食指夹持在滴定管液面上方，使滴定管与地面呈垂直状态。

　　由于附着力与内聚力的作用，滴定管的液面呈弯月形。读数时应使视线和液面处于同一水平面上，否则，由于眼睛的位置不同会得到不同的读数。对于无色液体，弯月面比较清晰，读数就是弯月面最低点所对应的刻度，如图 1-4 所示。如是有色溶液，弯月面不清晰时，应使视线与液面两侧的最高点相切，可以液面的最高点位置作为读数标准。

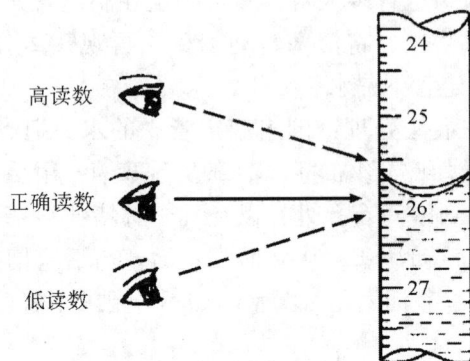

图 1-4 正确读取滴定管读数

滴定时最好每次都从 0.00mL 开始，或从接近"0"的任一刻度开始，这样可固定在某一段体积范围内滴定，减少体积误差。读数必须准确到小数点后二位，如读数为 18.23mL。

（6）滴定 使用酸式滴定管时，用左手控制滴定管的活塞，即左手从中间向右伸出，大拇指在管前活塞柄中央处，食指及中指在管后活塞柄两端处控制住活塞，手心握空，旋转活塞的同时稍稍向内（左方）用力，以使活塞与塞槽保持密合，防止活塞松动，溶液漏出。必须学会慢慢地旋开活塞以控制溶液的流速。操作手法见图 1-5 所示。

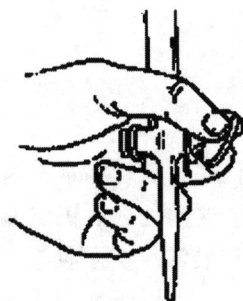

图 1-5 酸式滴定管操作手法

使用碱式滴定管时，左手拇指在前，食指在后，捏住玻璃珠所在部位稍上方一点的橡皮管，使玻璃珠旁形成空隙，也可向里（即向左）挤捏橡皮管，但都不要用力挤按玻璃珠，特别注意不要按玻璃珠以下的地方，因为这样在放手时，易使空气进入而形成气泡。

滴定一般在锥形瓶中进行，滴定管下端伸入瓶口约1cm，必要时也可在烧杯中进行。操作方法见图 1-6 所示。左手按前述方法操作滴定管，右手的姆指、食指和中指拿住锥形瓶颈，沿同一方向按圆周摇动锥形瓶，不要前后振动。边滴边摇，两手协同配合。开始滴定时，无明显变化，液滴滴出的速度可以快一些，但必须成滴而不能成线状流出，滴定速度

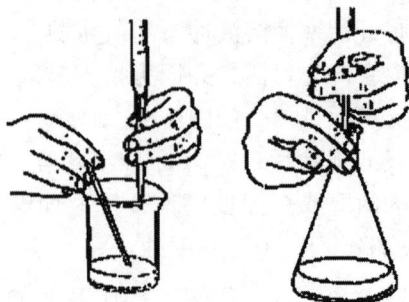

图 1-6 滴定操作法

一般控制在 3~4 滴/秒，注意观察标准溶液的滴落点。随着滴定的进行，滴落点周围出现暂时性的颜色变化，但随着锥形瓶的摇动，颜色变化很快。当接近终点时，颜色变化消失较慢，这时就应逐滴加入，加一滴后把溶液摇匀，观察颜色变化情况，再决定是否还要滴加溶液。最后应控制液滴悬而不落，用锥形瓶内壁把液滴靠下来（这时加入的是半滴溶液），用洗瓶吹洗锥形瓶内壁，摇匀。如此重复操作直到颜色变化半分钟内不消失为止，即可认为到达终点。

滴定完毕，倒去管内剩余的溶液，用蒸馏水冲洗数次，倒立夹在滴定管架上。或者，洗后装入蒸馏水至刻度以上，再用小烧杯或口径较粗试管倒盖在管口上，以免滴定管污染，便于下次使用。

2. 移液管与吸量管　移液管是中间有一膨大部分（称为球部）的玻璃管，供准确移取一定体积的液体之用。球部上下为较细的管颈，下部管尖端为出口，管颈口部刻有一环形标线，球部标有体积和温度，当吸取溶液弯月面与标线相切后，让溶液自然放出，此时所放出溶液的体积即等于管上所标的体积。常用的有 5mL、10mL、20mL、25mL 等规格。

吸量管是具有分刻度的玻璃管，供准确量取液体之用。常用的有 1mL、2mL、5mL、10mL 等规格。

移液管和吸量管的洗涤应严格要求不挂水珠，以免影响所量液体的体积。除按一般玻璃仪器洗涤外（即铬酸洗液浸洗，自来水冲洗，蒸馏水润洗），吸取时还必须用所取溶液润洗 2~3 次，确保所取溶液浓度不变。

使用移液管时，用右手的大拇指和中指夹持住管颈标线上方，将管尖插入待取溶液液面之下，左手拿洗耳球，先把球内空气压出，然后把球的尖端插入移液管口，慢慢松开左手，使溶液吸入管内。当液面升高到刻度以上时，移去洗耳球，立即用右手的食指按住管口，使管中液体不致流出。将已吸满液体的移液管提高到与眼睛在同一水平线上（左手拿着盛溶液的器皿跟着上升），再将移液管提出液面，管的末端仍靠在器皿的内壁上，略微放松食指，拇指和中指不断转动移液管身，使液面平稳下降，直到溶液的弯月面与标线相切时，立即用食指压紧管口，取出移液管，插入承接溶液的器皿中，管的末端仍靠在器皿内壁上。此时移液管应垂直，承接的器皿稍倾斜，松开食指，让管内溶液自然地全部沿器壁流下，如图 1-7。再等待 10~15 秒钟后，拿开移液管即可。

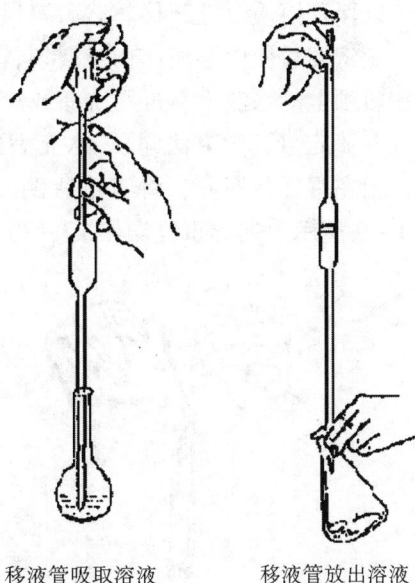

移液管吸取溶液　　　　　移液管放出溶液

图 1-7　移取溶液的操作

3. 吸量管的选用原则

（1）能用容积相同的奥氏吸量管量取时，应选用奥氏吸量管，若量取液体体积较大（如 25mL），应选用体积相符的移液管。

（2）在不能用奥氏吸量管量取所需的液体体积时，应选用与所取液量相近的刻度吸量管。如欲取4.2mL液体，应选用5mL的刻度吸量管，而不能用10mL的刻度吸量管。

（3）在同一定量实验中，如几支试管需加入不同量的某一液体时，要根据加入液体的量酌情选用吸量管，如各管所加入的液体量分别为0.3mL、0.4mL、0.7mL及0.8mL时，应选用一支与最大的取液量接近的刻度吸量管，即选用1mL吸量管。但在取量较大时，刻度吸量管的内径太大，难以控制准确，可分别选用体积相近的刻度吸量管。

（4）当取液量不足吸量管的满刻度时，如用1.0mL刻度吸量管量取0.7mL液体时，应选用吸量管上端刻度（指刻度到尖端者）。

4. 容量瓶   容量瓶是一种细颈梨形的平底玻璃瓶，带有玻璃磨口塞或塑料塞，颈上有环形标线。瓶肚上标有温度和容积，一般表示在20℃时，液体充满标线时的所装液体的体积。容量瓶主要用于配制标准溶液或试样溶液。常用的有50mL、100mL、250mL、500mL、1000mL等规格。容量瓶的洗涤与滴定管相同。

使用容量瓶前应检查瓶塞是否漏水，方法为：瓶内加水，塞好瓶塞，左手托瓶底，右手握瓶颈，并用右手食指顶住瓶塞，将瓶倒立，瓶塞无漏水现象方能使用。为了避免打破瓶塞，常用橡皮筋或线绳把塞子系在瓶颈上。

如用固体物质配制溶液，要先在烧杯里把固体溶解，再把溶液定量转移到容量瓶中，操作方法如图1-8所示。然后用蒸馏水洗涤烧杯3~4次，洗涤液也转入容量瓶中，以保证溶质全部转移。然后缓慢地向容量瓶中加入蒸馏水，当溶液盛至容积约3/4时，应将容量瓶内溶液作初步混匀，然后加水到接近标线附近处，等1~2分钟，使附着在瓶颈上的水流下。再用洗瓶或滴管滴加水至标线（勿过标线）。加水时视线平视标线（与滴定管读数方法同）。水充满到标线后，盖好瓶塞，用右手握瓶颈，食指顶住瓶塞，用左手托住瓶底，将容量瓶倒转，使气泡上升到顶部摇动瓶身，再倒转过来，如图1-9所示。如此重复操作10~20次，就可使瓶中溶液混合均匀。

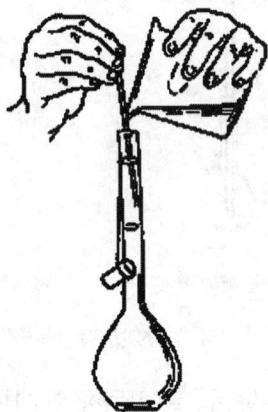

图1-8   溶液转入容量瓶中   图1-9   容量瓶混合溶液操作

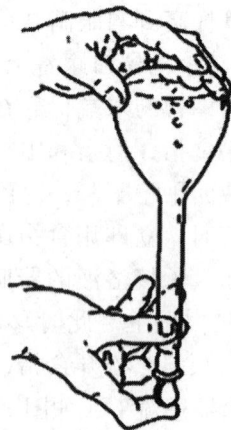

5. 试管中液体的混匀法 试管中加入两种或几种试液后，为使反应充分进行，必须使反应体系中各种物质分子充分接触。因此在加入另一种试剂时或稀释溶液时，都必须充分混匀。混匀的方法有以下几种。

（1）旋转法 当试管内液体较多时，用手拿试管上端，靠手腕的转动使试管作顺时针或逆时针的圆周运动（只能一个方向旋转）。

（2）指弹法 左手持试管上端，让试管垂直于地面。再用右手食指沿管壁的切线方向弹动。使管内液体呈旋涡状转动。

（3）甩动法 右手握住试管上端，试管底部靠在桌面上，试管倾斜，靠手腕的迅速转动，使管内液体呈旋涡状转动。此法常用于少量液体的混匀。

无论用哪种方法混匀，都必须防止容器内的液体溅出或被手指等污染。

三、实验材料

仪器：酸式滴定管，碱式滴定管，移液管，容量瓶，洗耳球，锥形瓶，洗瓶，玻璃棒，滴管，烧杯，量筒。

试剂：浓盐酸，6mol/L HCl 溶液，固体氢氧化钠，1g/L 甲基橙溶液，2g/L 酚酞，乙醇溶液，凡士林。

四、实验内容及操作步骤

（一）认识常用的滴定分析仪器

常用的滴定分析仪器包括滴定分析仪器（如锥形瓶、小烧杯、洗瓶）和定量玻璃仪器（如滴定管、容量瓶、移液管等）。

（二）滴定分析仪器的洗涤

1. 洗涤顺序 自来水润湿→洗涤剂刷洗→自来水冲净→蒸馏水润洗。

2. 洗涤方法 一般仪器可用去污粉洗涤，较精密的玻璃仪器可用热合成洗涤剂或铬酸洗液洗涤。

3. 洗涤原则 少量多次，用水量约为总容量的 10% ~ 20% 。

4. 干净的标准 洁净透明，且不挂水珠。

（三）滴定分析仪器的使用练习

1. 0.1mol/L HCl 和 0.1mol/L NaOH 标准溶液的配制 用 10mL 的洁净量筒量取约 4.5mL 浓盐酸倒入盛有 400mL 水的试剂瓶中，加蒸馏水约至 500mL，盖上玻璃塞，充分摇匀。贴好标签，写好试剂名称、浓度、配制日期、班级、姓名等项。

用台秤迅速称取约 2.1g NaOH 于 100mL 小烧杯中，加约 30mL 无 CO_2 的去离子水溶解，然后转移至试剂瓶中，用去离子水稀释至 500mL，摇匀后，用橡皮塞塞紧。贴好标签，备用。

2. 酸碱溶液的相互滴定 洗净酸、碱式滴定管，检查不漏水。

（1）用 0.1mol/L NaOH 溶液润洗碱式滴定管 2 ~ 3 次（每次用量 5 ~ 10mL），装液至 "0" 刻度线以上，排除管尖的气泡，调整液面至 0.00 刻度或稍下处，静置 1 分钟后，记录初始读数，并记录在报告本上。

（2）用 0.1mol/L HCl 溶液润洗酸式滴定管 2～3 次，装液，排气泡，调零并记录初始读数。

（3）从碱式滴定管放出 20.00mL 0.1mol/L NaOH 溶液于 250mL 锥形瓶，滴加 2 滴甲基橙指示剂，用 0.1mol/L HCl 溶液滴定至橙色，记录消耗的盐酸的体积。平行测定三次，绝对偏差应不大于 0.05mL。

（4）用移液管吸取 25.00mL 0.1mol/L HCl 溶液于 250mL 锥形瓶，滴加 2 滴酚酞指示剂，用 0.1 mol/L NaOH 溶液滴定至微红色（30 秒内不褪色），记录读数。平行测定三次，绝对偏差应不大于 0.05mL。

五、实验注意事项

（1）体积读数要读至小数点后两位。

（2）滴定速度应逐滴滴入，不要成流水线。

（3）近终点时，要半滴操作，用洗瓶冲洗。

（4）移液管（或吸量管）插入液面下的部分不可太深，以免管的外壁粘附的溶液太多，也不能太浅，防止空气突然吸入管中，而把溶液吸进洗耳球。更不能把管尖顶在盛液容器底面上，因为这样不仅不易吸上来，且易碰损管尖。

（5）移液管（或吸量管）外部上端管口部分及右手食指，均应保持干燥，不要被水或溶液打湿，否则，放液时不能自如控制液面下降。

（6）移液管（或吸量管）内溶液放完后，应将管尖与承接容器内壁靠一靠，使残留管尖的溶液尽量自然流出，但不能用洗耳球或用嘴吹出。残留在管尖的液滴，并不包含在移液管所标示的体积之内。但有一种血清学实验专用的刻度吸管，上标有"吹"字，则应将最后一滴吹出。

（7）容量瓶不能加热，热溶液应冷至室温后，才能注入容量瓶中，否则会造成体积误差。

（8）装有碱液如 NaOH 的容量瓶，不可使用玻璃塞；装有 $KMnO_4$，$AgNO_3$，I_2 溶液的容量瓶，不可使用橡皮塞或软木塞，以免侵蚀。

思考题

（1）配制 NaOH 溶液时，应选用何种天平称取试剂？为什么？

（2）HCl 和 NaOH 溶液能直接配制准确浓度吗？为什么？

（3）在滴定分析实验中，滴定管和移液管为何需用滴定剂和待移取的溶液润洗几次？锥形瓶是否也要用滴定剂润洗？

（4）用吸量管量取液体试剂时，视线应处于什么位置？吸量管的位置偏高和偏低对取量有何影响？

（5）用蒸馏水洗涤玻璃仪器时，将等量的蒸馏水一次冲洗和分三次冲洗，洗涤效果有何不同？

（王烨、尹丽）

实验二 玻璃加工操作和酒精喷灯的使用

一、实验目的

（1）了解酒精喷灯的构造，使用方法，火焰各区域温度的高低及各区域火焰的性质。

（2）练习玻璃管的切割，熔光，弯曲和拉伸。

二、实验原理

1. 玻璃的性质 了解玻璃的性质对顺利进行实验十分重要。玻璃是由 SiO_2 和 Na_2CO_3 等原料在高温下熔炼而成的，其主要性质有：

（1）无特定的熔点和沸点，加热后缓慢变软成流体，易于加工。

（2）硬度大，莫氏硬度 $6 \sim 7$（比钢铁大）。抗拉强度大 $300 \sim 900 kg/cm^2$，抗压强度高，为抗拉强度的 15 倍，机械性能好。但抗冲击力低 $1.31 kg/cm^2$，易碎裂（长期放置而受潮的玻璃仪器加热时也容易破碎）。

（3）热膨胀系数与玻璃种类有关。不同种类差别较大，其中石英玻璃膨胀系数最小，因而可耐急冷急热。玻璃有延迟断裂现象，组装固定玻璃仪器时夹子不可夹得过紧。

2. 玻璃的组成 玻璃是由无机物组成的，其主要成分是 SiO_2（$65\% \sim 81\%$），此外还有其他成分。

（1）形成剂 H_3BO_3，GeO_2，As_2O_5，Sb_2O_5，V_2O_5，ZrO_2，P_2O_3，P_2O_5，SbO_3。

（2）改良剂 NaO，K_2O，CaO，SrO，BaO，Al_2O_3，BeO，ZnO，CdO，PbO，TiO_2。

（3）其他杂质 Mn_2O_3，Fe_2O_3，As_2O_3，SO_3。

玻璃的化学组成不同，其化学稳定性也不同。除氢氟酸、热磷酸及浓碱外，大多数玻璃对其他化学试剂均较为稳定。值得注意的是，水对各种玻璃都有不同程度的侵蚀作用，主要是因为玻璃与水发生反应后，其中 $Na_2H_2SiO_4$、$K_2H_2SiO_4$ 被分解为游离的 H_4SiO_4，并在其表面形成一层性质稳定的不易溶于酸的薄膜所致。

$$K_2O \cdot xSiO_2 + (1+y) H_2O \Longrightarrow 2KOH + xSiO_2 \cdot yH_2O_\circ$$

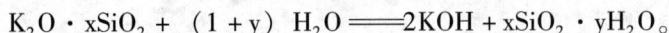

生成的碱可继续溶解部分 $SiO_2 \longrightarrow SiO_2$ 凝胶 $\longrightarrow$ 凝胶发生再膨胀 $\longrightarrow$ 水进入更深层 $\longrightarrow$ 进一步侵蚀玻璃。由此可知碱金属氧化物含量越多，玻璃越易被侵蚀。软质玻璃含 Na、K、Ca 较多，故不宜制作玻璃仪器。如 Na、Ca 软质玻璃，在潮湿的气氛及 CO_2 的长期作用下，可生成碱性物质并转化为结晶体，从而使玻璃表面出现斑点，疏松、风化。玻璃的失透性就是由于上述原因造成的。

3. 玻璃的分类及应用

（1）按化学组成分，有以下几种。普通钠钙玻璃、铝镁玻璃：机械性、耐热性和化学稳定性不高。硼硅酸盐玻璃：机械性，耐热性和化学稳定性较好，但耐碱性差，软化温度高，可作耐热仪器器件。无碱低碱硼锌玻璃：机械性，耐热性和化学稳定性及电学性能良好，软化温度高。可制造高温仪器。铅钡玻璃：电学性能良好，有与金属相适应的膨胀系数，软化温度不高，便于加工操作和封接金属。高硅氧玻璃：$SiO_2 >$ 97%，由硼硅酸盐加工而成，介于石英玻璃与普通玻璃之间。

（2）按质料特点分，有以下几种。

硬质玻璃（又名高硼硅玻璃）：SiO_2（80%左右），硼酸钠（12%）。耐高温、高压、耐腐蚀，机械强度高，膨胀系数小，导热性好，耐温差变化，操作温度 < 783K，退火温度 778～833K，短时间内可加热到 873K，但冷却退火时需均匀缓慢，以减少永久应力。具有良好的火焰加工性能，多用于制造烧杯，烧瓶，压力管及成套实验装置，是一种抗腐蚀防离子污染的良好材料。如国产 GG-17，95 料玻璃属于此类。

软质玻璃（又称普通玻璃）：按成分可分为钠钙玻璃（SiO_2，CaO，Na_2O）和钾玻璃（SiO_2，CaO，K_2O，Al_2O_3，B_2O_3）。在耐腐蚀，硬度，透明度和失透性方面钾玻璃较钠玻璃要好，但在热稳定性方面差些。软化温度低，耐碱性强，不易失透，适于灯焰加工，但因不能承受过大的温差，常用于制造不直接受热的仪器。如滴定管，移液管，量筒等，因其的膨胀系数接近 Pt，故可与 Pt 丝封接。

4. 酒精喷灯基本知识

（1）喷灯的结构　分为座式和挂式，但构造原理相同，均由灯管和灯座组成（如图 2-1）。灯的下部有螺旋并与灯座相连，灯管下部的几个圆孔是空气的入口，可通过调节乙醇蒸汽或空气的进入量来控制火焰的大小。

（2）火焰的结构　火焰可分为三层，如图 2-2 所示。

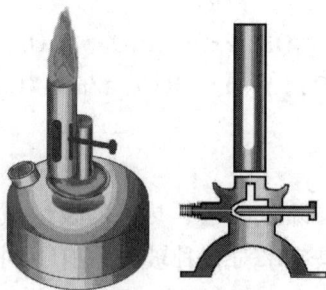

图 2-1　座式喷灯和挂式喷灯

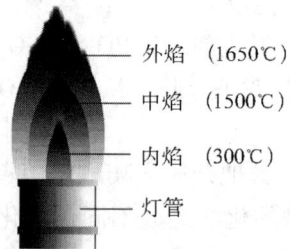

外焰　（1650℃）
中焰　（1500℃）
内焰　（300℃）
灯管

图 2-2　火焰的结构

名称	颜色	温度	燃烧情况
焰心	灰黑	最低，300℃	酒精与空气混合，并未燃烧
内焰	淡蓝	较高，1500℃	为酒精与空气燃烧不完全，含有 C、CO，火焰具有还原性（还原焰），用于直接加热液体（或固体），蒸发浓缩溶液以及干燥晶体等
外焰	淡紫	高，1650℃	为酒精完全燃烧，由于含有过量的空气，它具有氧化性，称为"氧化焰"，主要用于灼烧和加工玻璃制品等。这部分火焰又叫强火

当完全关闭空气入口时，点燃酒精喷灯时酒精燃烧不完全，便会析出碳质，生成光亮的黄色火焰，且火焰温度不高。逐渐加大空气的进入量至酒精完全燃烧，其火焰为正常火焰，当空气或酒精的进入量调节不当时，会产生不正常火焰。若酒精和空气进入量均很大时，火焰产生于灯管上空，称为"临空火焰"，当用引燃的火柴熄灭时，它也马上熄灭。当酒精进入量很小而空气进入量很大时，火焰在灯管内燃烧，呈绿色并发出特殊的嘶嘶声，这种火焰称为"侵入火焰"。

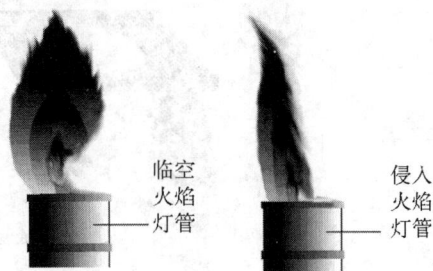

图 2 - 3　临空火焰和侵入火焰

三、实验材料

仪器：酒精喷灯，锉刀（或薄片小砂轮）。

材料：大头针（或细铁丝），玻璃管数根。

四、实验内容及操作步骤

（一）酒精喷灯的构造与使用方法

1. 观察酒精喷灯的结构　检查并加装酒精，灯内贮酒精量不能超过酒精壶的 2/3。喷灯内酒精使用一般不超过 60 分钟。若酒精快用完，应先熄灭，添加酒精后再继续使用。

2. 酒精喷灯的预热与点火　预热盘中加少量酒精点燃，预热后有乙醇蒸气逸出，便可将灯点燃。若无蒸气，用探针疏通乙醇蒸气出口后，再预热，点燃。

3. 火焰的调节　调节空气进气量，使火焰保持适当高度，观察火焰形状，此时火焰呈黄色。逐渐加大空气进入量，黄色火焰逐渐变蓝。观察各层火焰颜色。

4. 火焰的性质试验

（1）将石棉网的铁丝网平放在无色火焰中，从火焰上部慢慢向下移动（如图 2 - 4），注意观察铁丝网变成红热部分的面积和光亮程度，用图表示出。

（2）将一根长约 15cm 的细玻璃管，一头分别斜插到火焰内中外三层，转动玻管点燃玻璃管的另一端出来的气体。

根据以上实验，对火焰各层火焰的氧化还原性和温度高低做出结论。

（二）截断玻璃管

1. 玻管的截断　将长玻管平放在实验台上，用左手撅住，在要截断的地方将三角锉刀按上（或玻璃刀，小沙轮）用力向前或向后划一划痕（注意只能向一个方向划），如果划痕很不明显，可在原处再锉 1～2 下。然后拿起玻管，使玻管的划痕朝外，两手的拇指放于划痕背后，轻轻地用力向前推压，同时两手向两侧拉动，即可使玻管折断。折断粗玻管时，为防止划伤手，可用布将玻管两端包住。如此重复，使长玻管被截断成 15～20cm 左右长的短玻管若干支。

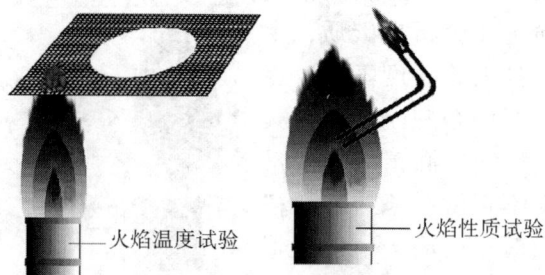

火焰温度试验　　　　　火焰性质试验

图 2-4　火焰温度和性质试验

观察玻管端口颜色，确定玻管是硬质玻璃还是软质玻璃。

2. 玻管管口熔光

新截断的玻璃管切口锐利，容易划伤皮肤，需要熔光。可将管口置于喷灯氧化焰的边沿处，不断地转动，使玻璃管受热均匀，片刻后，管口玻璃毛刺即可熔化而成平滑的管口。注意：加热时间不可太长，否则管口口径缩小，烧热的玻管，不可直接放在桌子上，应放在石棉网上，更不可用手去摸发烫的一端，小心烫手。

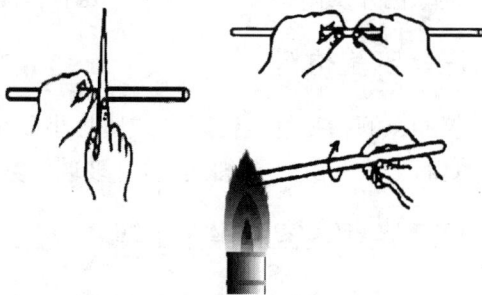

图 2-5　玻管的截断和熔光

观察玻管燃烧火焰颜色，确定玻管是否是钠玻璃。

（三）弯玻管

两手手心向上轻握玻璃管的两端，将要弯曲的地方移入喷灯的氧化焰中，来回移动加热玻璃管以增大受热面积，缓慢均匀地转动玻璃管，转动时两手用力要均等，转速一致，否则玻管变软后会扭曲变形。当玻管烧至黄红色且足够软化后，调整好身体姿态，从火焰中取出，稍等片刻，成"V"字手形，弯曲玻管至一定角度。大角度的可一次弯成，小角度的若不能一次弯成，可分几次弯，不过受热部位应适当向左或右调整，转动时可固定一只握玻管手的位置，同时注意不可使玻管在火焰中扭曲。角度要求：弯120°，90°，60°三种角度玻璃管各一支。

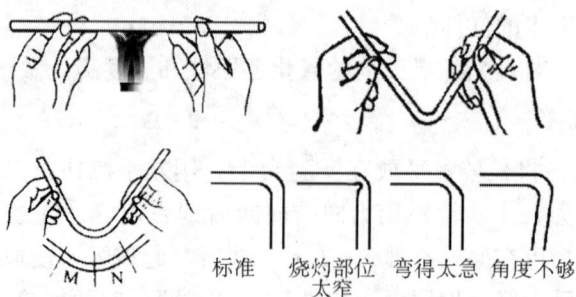

标准　　烧灼部位　　弯得太急　　角度不够
　　　　太窄

图 2-6　弯玻管的操作

（四）拉滴管和毛细管

两手手心向上轻握玻璃管的两端，将要加热的部位移入喷灯的氧化焰中，来回移动加热玻璃管以增大受热面积，均匀用力缓慢地转动玻璃管。当玻管烧至黄红色且足够软化后（比弯玻管时更软），快速移出火焰，稍等片刻，顺水平轴线方向均匀用力拉玻管（拉至中间毛细管内径在 2mm，长约 8cm），置于石棉网上让玻管自然冷却。

冷却后，按要求将玻管用锉刀分割成三段，两端为滴管，套上橡皮胶头，留作自己以后实验用，为了使橡皮胶头套上后不易脱落，应对滴管端口进行扩口，方法是将端口移至氧化焰中烧至黄红色，快速取出垂直置于石棉网上，适度用力向下压至端口比原来稍大即可，此外，滴管尖端也应作熔光处理，但不能封闭端口。中间为毛细管，熔烧封闭一头后，可用于以后有机化学实验中熔点测定时装样品用。

弯玻管和拉玻管实验成败的关键是掌握好火候和力度。

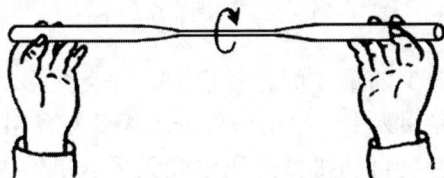

图 2-7 拉玻管操作

五、实验注意事项

本实验经常出现划伤，烫伤和火灾事故。请注意以下几项。

（1）不能用燃着的灯对接点火，或用纸片接火。若一次未点燃，必须在火焰熄灭并冷却后用针疏通酒精蒸气出口，方可再预热。

（2）截断玻璃管时，锉刀应向一个方向锉，不可来回拉锯式地锉，截断时用力应适度，不可用猛力，以免碎玻璃伤手。

（3）弯制的玻璃管应置于石棉网上冷却，由于冷玻璃管与热玻璃管在外观上很难区分，注意提醒自己和别人，不要随意碰拿，防止烫伤。

（4）制滴管时，要尽量一次拉成，不能边烧边拉。

（5）熔烧时避免几根玻棒（管）相接触。

（1）在截断玻棒、玻管操作时，怎样防止割伤和刺伤手和皮肤？

（2）刚刚烧过的灼热的玻璃管和冷的玻璃管外表往往很难分辨，怎样防止烫伤？

（3）怎样拉制滴管？制作滴管应注意些什么？

（4）酒精喷灯火焰分为几层？各层的温度和性质是怎样的？

（5）当酒精意外溢出使桌面起火，应怎样处理？

（6）通过本次实验，你有哪些收获和体会？对本实验方法有何改进的意见或建议？

（王晓宁）

实验三　分析天平的使用

一、实验目的

（1）了解电光分析天平的构造、使用方法、技巧、维护及保养。

（2）测试分析天平的稳定性（示值变动性）和灵敏度。

（3）学习直接法和减量法两种基本称量方法，正确使用称量纸和称量瓶。

二、实验原理

天平是化学实验不可缺少的重要的称量仪器，种类繁多，按使用范围大体上可分为工业天平、分析天平、专用天平。按结构可分为等臂双盘阻尼天平、机械加码天平、半自动机械加码电光天平、全自动机械加码电光天平、单臂天平和电子天平。按精密度可分为精密天平、普通天平。各类天平结构各异，但其基本原理是一样的，都是根据杠杆原理制成的。现以目前广泛使用的双盘半机械加码电光天平为例说明其结构和使用方法。

1. 分析天平的构造　分析天平构造如图3-1所示。主要部件有以下几个部分。

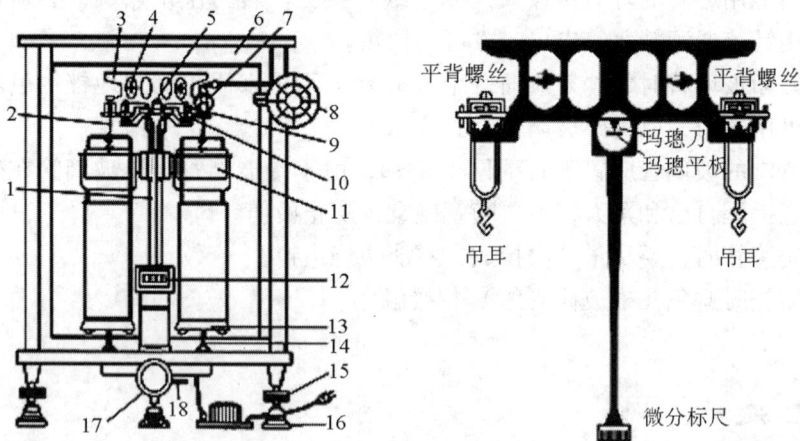

图3-1　双盘半机械加码电光天平

1. 指针；2. 吊耳；3. 天平梁升；4. 调零螺丝；5. 感量螺丝

6. 前面门；7. 圈码；8. 刻度盘；9. 支柱；10. 托梁架；11. 阻力盒；12. 光屏

13. 天平盘；14. 盘托；15. 垫脚螺丝；16. 脚垫；17. 降钮；18. 光屏移动拉杆

天平梁：天平梁是天平的主要部件之一，梁上左、中、右各装有一个玛瑙刀口和玛瑙平板。装在梁中央的玛瑙刀刀口向下，支承于玛瑙平板上，用于支撑天平梁，又称支点刀。装在梁两边的玛瑙刀刀口向上，与吊耳上的玛瑙平板相接触，用来悬挂托盘。玛瑙刀口是天平很重要的部件，刀口的好坏直接影响到称量的精确程度。玛瑙硬度大但脆性也大，易因碰撞而损坏，故使用时应特别注意保护玛瑙刀口。

指针：固定在天平梁的中央，指针随天平梁摆动而摆动，从光幕上可读出指针的位置。

升降钮：是控制天平工作状态和休止状态的旋钮，位于天平正前方下部。

光幕：通过光电系统使指针下端的标尺放大后，在光幕上可以清楚地读出标尺的刻度。标尺的刻度代表质量，每一大格代表 1mg，每一小格代表 0.1mg。如图 3 - 2 所示，读数是 1.3mg。

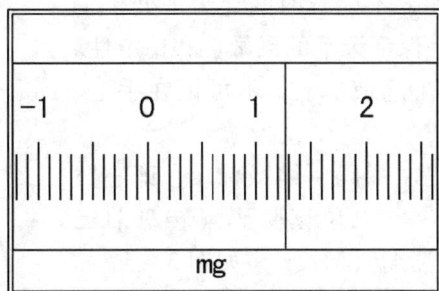

图 3 - 2 微分标尺在光幕上读数

天平盘和天平橱门：天平左右有两个托盘，左盘放称量物体，右盘放砝码。光电天平是比较精密的仪器，外界条件的变化如空气流动等容易影响天平的称量，为减少这些影响，称量时一定要把橱门关好。

砝码与圈码：天平有砝码和圈码。砝码装在盒内，最大质量为 100g，最小质量为 1g。在 1g 以下的是用金属丝做成的圈码，安放在天平的右上角，加减的方法是用机械加码旋钮来控制，用它可以加 10～990mg 的质量（如图 3 - 3）。10mg 以下的质量可直接在光幕上读出。注意，全机械加码的电光天平其加码装置在右侧，所有加码操作均通过旋转加码转盘实现，如图 3 - 4 所示。

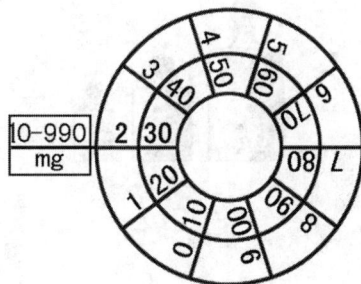

图 3 - 3 半机械加码装置指数盘

2. 天平的使用

（1）称前检查 使用天平前，应先检查天平是否水平；机械加码装置是否指示 0.00 位置；吊耳及圈码位置是否正确，圈码是否齐全、有无跳落、缠绕；两盘是否清洁，有无异物。

（2）零点调节 接通电源，缓缓开启升降旋钮，当天平指针静止后，观察投影屏上的刻度线是否与缩微标尺上的 0.00mg 刻度相重合。如不重合，可调节升降旋钮下面的调屏拉杆，移动投影屏位置，使之重合，即调好零点。如已将调屏拉杆调到尽头仍不能重合，则需关闭天平，调节天平梁上的平衡螺丝。

（3）称量 打开左侧橱门，把在台秤上粗称过的被称量物放在左盘中央，关闭左侧橱门；打开右侧橱门，在右盘上按粗称的重量加上砝码，关闭右侧橱门，再分别旋转圈码转盘外圈和内圈，加上粗称重量的圈码。缓慢开启天平升降旋钮，根据指针或缩微标尺偏转的方向，决定加减砝码或圈码。注意，如指针向左偏转（缩微标尺会向右移动）表明砝码比物体重，应立即关闭升降旋钮，减少砝码或圈码后再称，反之则应增加砝码或圈码，反复调整直至开启升降旋钮后，投影屏上的刻度线与缩微标尺上的刻度线在 0.00 到 10.0mg 之间为止。

（4）读数　当缩微标尺稳定后即可读数，其中缩微标尺上一大格为 1mg，一小格为 0.1mg，若刻度线在两小格之间，则按四舍五入的原则取舍，不要估读。读取读数后应立即关闭升降旋钮，不能长时间让天平处于工作状态，以保护玛瑙刀口，保证天平的灵敏性和稳定性。称量结果应立即如实记录在记录本上，不可记在手上、碎纸片上。

天平的读数方法：砝码 + 圈码 + 缩微标尺，即小数点前读砝码，小数点后第一、二位读圈码（转盘前二位），小数点后第三、四位读缩微标尺。（如图 3 - 5，m = 17.2313g）。

（5）复原　称量完毕，取出被称量物，砝码放回到砝码盒里，圈码指数盘回复到 0.00 位置，拨下电源插头，罩好天平布罩，填写天平使用登记本，签名后方可离开。

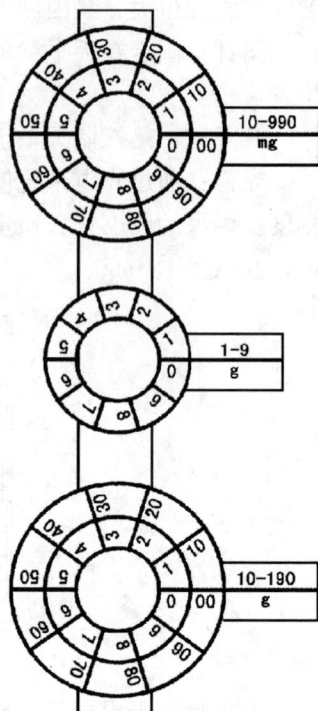

图 3 - 4　全机械加码装置指数盘

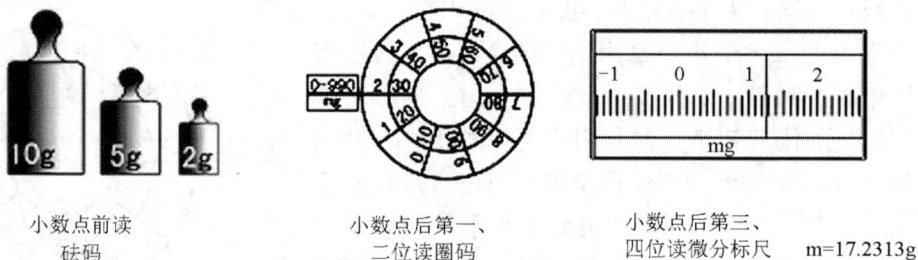

图 3 - 5　天平的读数

小数点前读　　　　小数点后第一、　　　小数点后第三、
砝码　　　　　　　二位读圈码　　　　　四位读微分标尺　　m=17.2313g

3. 天平的称量方法　天平的称量方法可分为直接称量法（简称直接法）和减重称量法（简称减量法）。

（1）**直接称量法**　直接称量法用于称取不易吸水、在空气中性质稳定的物质，如称量金属或合金试样。称量时先称出称量纸（硫酸纸）的质量（m_1），加上试样后再称出称量纸与试样的总质量（m_2）。称出的试样质量 = $m_2 - m_1$。

（2）**减重称量法**　此法用于称取粉末状或容易吸水、氧化、与二氧化碳反应的物质。减量法称量应使用称量瓶，称量瓶使用前须清洗干净，干净的称量瓶（盖）都不能用手直接拿取，而要用干净的纸条套在称量瓶上夹取。称量时，先将试样装入称量瓶中，在台秤上粗称之

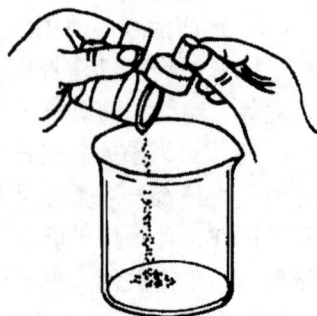

图 3 - 6　称量瓶的使用方法

后，放入天平中称出称量瓶与试样的总质量（m_1），用纸条夹住取出称量瓶后，按图3-6方法小心倾出部分试样后再称出称量瓶和余下的试样的总质量（m_2），称出的试样质量 = $m_1 - m_2$。

减量法称量时，应注意不要让试样撒落到容器外，当试样量接近要求时，将称量瓶缓慢竖起，用瓶盖轻敲瓶口，使粘在瓶口的试样落入称量瓶或容器中。盖好瓶盖，再次称量，直到倾出的试样量符合要求为止。初学者常常掌握不好量的多少，倾出超出要求的试样量，为此，可少量多次，逐渐掌握和建立起量的概念。注意，在每次旋动指数盘和取放称量瓶时，一定要先关好旋钮，使天平横梁托起。

三、实验材料

仪器：托盘天平，分析天平（或电子天平），称量瓶，称量纸，表面皿，锥形瓶，药匙，干燥器。

试剂：分析纯 Na_2CO_3。

四、实验内容及操作步骤

（一）天平的基本操作

1. 外观检查

（1）取下天平罩，叠好置于适当位置，检查砝码盒中砝码是否齐全，夹砝码的镊子是否在盒内，圈码是否完好并正确挂在圈码钩上，读数盘的读数是否在零位。

（2）检查天平是否处于休止状态，天平梁和吊耳的位置是否正常。

（3）检查天平是否处于水平位置，若不水平，可调节天平前部下方支脚底座上的两个水平调节螺丝，使水泡水准器中的水泡位于正中。

（4）天平盘上如有灰尘或其他落入物体，应该用软毛刷轻扫干净。

2. 零点调节 天平的零点是指天平空载时的平衡点，每次称量之前都要先测定天平的零点。天平的外观检查完毕后，接通电源，顺时针转动升降旋钮到底（即开启天平），此时可以看到缩微标尺的投影在光屏上移动，当标尺指针稳定后，若光屏上刻度线与标尺的 0.00 线不重合，可拨动升降旋钮下方的调零拉杆移动光屏使其重合，零点即调好。若光屏移动到尽头还是不能与标尺 0.00 线重合，应请老师通过旋转天平梁上的平衡螺丝来调整。

3. 示值变动性的测定 示值变动性是指在不改变天平状态的情况下，多次开启天平其平衡位置的再现性，表示称量结果的可靠程度。其值越小，可靠性越高。

在天平空载的情况下，多次开启天平，记下每次开启天平稳定后平衡点的读数，反复四次，其最大值和最小值的差值即为该台天平的空载示值变动性。

空载示值变动性 = Lo（最大值）- Lo（最小值）=（　　）

在天平的左、右盘上各加 20g 砝码，再测出天平的平衡点，如此反复测定四次，并计算出天平变动性的大小。

载重示值变动性 = L（最大值）- L（最小值）=（　　）

4. 灵敏度的测定 天平的灵敏度：为每增加 1mg 砝码时引起的天平零点与停点之间所偏移的小格数，天平越灵敏偏移的格数越多。灵敏度常用感量表示，感量是指指针偏移一格时所需的质量。

$$天平空载灵敏度 = \frac{停点 - 零点}{10mg}（小格/mg）\qquad 感量 = \frac{1}{灵敏度}（mg）/小格$$

（二）称量练习

1. 直接法称量练习　将称量瓶放在分析天平的左盘上，根据粗称的称量瓶的质量在分析天平的右盘上加入相应的砝码，轻轻开启升降钮，观察微分标尺的移动情况，判断砝码或圈码的加减，至天平平衡。记录称量瓶的质量。

2. 减量法称量练习　在洁净、干燥的称量瓶内加入适量 Na_2CO_3 样品（约 0.65 ~ 0.70g）并准确称量，记录其质量为 m_1。取出称量瓶，移到事先备好的锥形瓶上方，打开称量瓶盖，用瓶盖轻轻敲击倾斜的称量瓶口外缘，使样品慢慢落入容器内。当敲出样品接近总量 1/3 时，盖好称量瓶盖，准确称量，记录其质量为 m_2。两次称量之差（$m_1 - m_2$）即为锥形瓶中的样品质量。再依次称量两份。

五、实验注意事项

（1）处于承重工作状态的天平不允许进行任何加减砝码、圈码的操作。开启升降旋钮和加减砝码、圈码时应做到"轻、缓、慢"，以免损坏机械加码装置或使圈码掉落。

（2）不能用手直接接触光电天平的部件及砝码，取砝码要用镊子夹取。

（3）不能在天平上称量热的或具有腐蚀性的物品。不能在金属托盘上直接称量药品。

（4）加减砝码的原则是"由大到小，减半加码"。不可超过天平所允许的最大载重量（200g）。

（5）每次称量结束后，认真检查天平是否休止，砝码是否齐全地放入盒内，机械加码旋钮是否恢复到零的位置。全部称量完毕后关好天平橱门，切断电源，罩上布罩，整理好台面，填写好使用记录本。

（6）不得任意移动天平位置。如发现天平有不正常情况或操作中出现故障，要报告教师。

思考题

（1）分析天平的灵敏度主要取决天平的什么零件？称量时如何维护天平的灵敏性？

（2）在什么情况下用直接法称量？什么情况下用减量法称量？

（3）用半自动电光天平称量时，如何判断是该加码还是减码？

（4）为什么要注意保护玛瑙刀口？保护玛瑙刀口要注意哪些问题？

（5）准确进行减量法称量的关键是什么？用减量法称取试样时，若称量瓶内的试样吸湿，将对称量结果造成什么误差？若试样倾入烧杯内后再吸湿，对称量结果是否有影响？

（王　烨）

实验四 常压蒸馏及沸点的测定

一、实验目的

（1）掌握蒸馏和测定沸点的操作要领和方法。

（2）熟悉蒸馏和测定沸点的原理。

（3）了解蒸馏和测定沸点的意义。

二、实验原理

由于分子运动，液体的分子有从表面逸出的倾向，这种倾向随着温度的升高而增大，进而在液面上部形成蒸气。当分子由液面逸出的速度与分子由蒸气中回到液体中的速度相等时，液面上的蒸气达到饱和，称为饱和蒸气。它对液面所施加的压力称为饱和蒸气压。实验证明，液体的蒸气压只与温度有关。即液体在一定温度下具有一定的蒸气压。

当液体的蒸气压增大到与外界施于液面的总压力（通常是大气压力）相等时，就有大量气泡从液体内部逸出，即液体沸腾，这时的温度称为液体的沸点。

但是具有固定沸点的液体不一定都是纯粹的化合物，因为某些有机化合物常和其他组分形成二元或三元共沸混合物，它们也有一定的沸点。

蒸馏是将液体有机物加热到沸腾状态，使液体变成蒸汽，又将蒸汽冷凝为液体的过程。

通过蒸馏可除去不挥发性杂质，可分离沸点差大于 30℃ 的液体混合物，还可以测定纯液体有机物的沸点及定性检验液体有机物的纯度。

三、实验材料

试剂：95% 乙醇。

仪器：酒精灯，三脚架，石棉网，蒸馏瓶，温度计，直型冷凝管，尾接管，锥形瓶，量筒，沸石，铁架台。

四、实验内容及操作步骤

（1）加料 将待蒸乙醇 40mL 小心倒入蒸馏瓶中，不要使液体从支管流出。向蒸馏烧瓶中加入 3～5 粒沸石，塞好带温度计的塞子，注意温度计的水银球在蒸馏烧瓶支管处。再检查一次装置是否稳妥与严密。

（2）加热 先打开冷凝水龙头，缓缓通入冷水，然后开始加热。当液体沸腾，蒸气到达水银球部位时，温度计读数急剧上升，调节热源，使蒸馏速度以每秒 1～2 滴为宜。此时温度计读数就是馏出液的沸点。

蒸馏时若热源温度太高，使蒸气成为过热蒸气，造成温度计所显示的沸点偏高；若热源温度太低，馏出物蒸气不能充分浸润温度计水银球，造成温度计测得的沸点偏低或不规则。

（3）收集馏液　准备两个接收瓶，一个接收前馏分或称馏头，另一个（需称重）接收所需馏分，并记下该馏分的沸程：即该馏分的第一滴和最后一滴时温度计的读数。

在所需馏分蒸出后，温度计读数会突然下降。此时应停止蒸馏。即使杂质很少，也不要蒸干，以免蒸馏瓶破裂及发生其他意外事故。

（4）拆除蒸馏装置　蒸馏完毕，先应撤出热源，然后停止通水，最后拆除蒸馏装置（与安装顺序相反）。

五、实验注意事项

蒸馏装置主要由气化、冷凝和接收三部分组成，如图 4 - 1 所示。

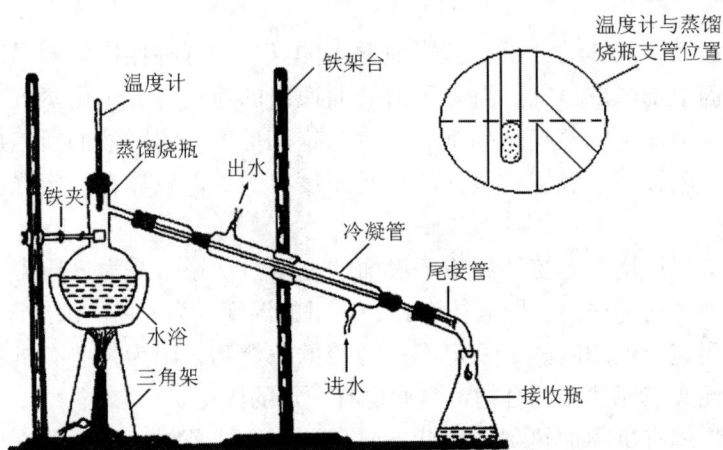

图 4 - 1　常压蒸馏和沸点的测定装置图

（1）蒸馏瓶　蒸馏瓶的选用与被蒸液体量的多少有关，通常装入液体的体积应为蒸馏瓶容积 1/3 ~ 2/3。液体量过多或过少都不宜。在蒸馏低沸点液体时，选用长颈蒸馏瓶；而蒸馏高沸点液体时，选用短颈蒸馏瓶。

（2）温度计　温度计应根据被蒸馏液体的沸点来选，低于 100℃，可选用 100℃ 温度计；高于 100℃，应选用 200 ~ 300℃ 水银温度计。

（3）冷凝管　冷凝管可分为水冷凝管和空气冷凝管两类，被蒸液体沸点低于 140℃ 用水冷凝管；被蒸液体沸点高于 140℃ 用空气冷凝管。

（4）尾接管及接收瓶　尾接管将冷凝液导入接收瓶中。常压蒸馏选用锥形瓶为接收瓶，减压蒸馏选用圆底烧瓶为接收瓶。

仪器安装顺序为：先下后上，先左后右。卸仪器与其顺序相反。

（5）冷却水流速以能保证蒸汽充分冷凝为宜，通常只需保持缓缓水流即可。

（6）蒸馏有机溶剂均应用小口接收器，如锥形瓶。

思考题

（1）何谓沸点？液体的沸点和大气压有什么关系？文献里记载的某物质的沸点是否即为同学们实验室的沸点温度？

（2）蒸馏时加入沸石的作用是什么？如果蒸馏前忘记加沸石，能否立即将沸石加至将近沸腾的液体中？当重新蒸馏时，用过的沸石能否继续使用？

（3）为什么蒸馏时最好控制馏出液的速度为每秒 1～2 滴？

（4）如果液体具有恒定的沸点，那么能否认为它是纯净物质？

（张　瑶）

实验五　减压蒸馏

一、实验目的

（1）掌握减压蒸馏的基本操作。

（2）了解减压蒸馏的基本原理及应用。

二、实验原理

在较低压力下进行的蒸馏操作称为减压蒸馏。减压蒸馏是一种分离、提纯有机化合物的常用方法。它适用于蒸馏那些常压下沸点较高或在常压蒸馏时未达沸点即已分解、氧化或聚合的物质。

液体的沸点是指它的蒸气压等于外界压力时的温度，因此液体的沸点是随外界压力的变化而变化的，如果借助于真空泵降低液体表面的压力，液体的沸点就会降低。一般当外压降低为 1.3～2.0kPa 时，有机物沸点较常压下降低 80～125℃，当要进行减压蒸馏时，可利用化学手册上液体常压与减压下沸点的近似关系图，粗略地估计出低压下的沸点，以便选择合适的温度计和热浴方式。

三、实验材料

仪器：真空泵，克氏蒸馏瓶（圆底烧瓶和克氏蒸馏头），温度计，毛细管，螺旋夹，蒸馏瓶，接液管，电热套。

试剂：乙酰乙酸乙酯。

四、实验内容及操作步骤

（1）按图 5－1 安装好仪器。

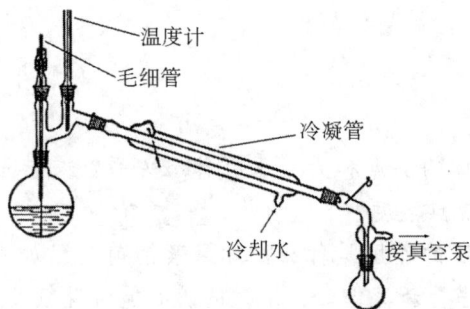

图 5 - 1 减压蒸馏装置图

（2）检查系统的气密性 关闭毛细管上的螺旋夹，开启真空泵，再关闭安全瓶上的活塞，观察压力计读数变化情况，无变化说明不漏气，有变化即表示漏气。如果漏气，可检查各部分塞子和橡皮管的连接是否紧密。为使系统密闭性好，磨口仪器的所有接口部分都必须用真空油脂润涂好。检查完毕后应先缓慢打开安全活塞再关闭真空泵。

（3）用量筒量取 25mL 乙酰乙酸乙酯，加入克氏蒸馏瓶中，开启真空泵，关闭安全瓶上的活塞，调节毛细管上的螺旋夹，使液体中有连续平稳的小气泡通过。压力稳定后，开始加热。液体沸腾后，应注意控制加热温度，并注意观察温度计和压力的读数。待沸点稳定时，转动多尾接液管接收馏分，蒸馏速度以 0.5 ~ 1 滴/秒为宜。

（4）蒸馏完毕，除去热源，慢慢旋开夹在毛细管上的橡皮管的螺旋夹，待蒸馏瓶稍冷后再慢慢开启安全瓶上的活塞，平衡内外压力，然后再关闭真空泵。

五、实验注意事项

（1）仪器安装好后，一定要先检查系统是否漏气。

（2）蒸馏完毕，待内外压平衡后再关闭真空泵。

（1）减压蒸馏适合蒸馏什么性质的化合物？

（2）为使减压蒸馏系统密闭性好，可采取哪些措施？

（3）当减压蒸馏完毕后，为何先平衡内外压力，再关闭真空泵？

（何新蕾）

实验六　萃　　取

一、实验目的

（1）掌握分液漏斗的使用方法。

（2）熟悉萃取的基本原理和方法。

（3）了解萃取溶剂的选择原则。

二、实验原理

萃取是利用物质在两种不互溶（或微溶）溶剂中溶解度或分配比的不同来达到分离、提取或纯化目的的一种操作，是分离、提纯有机化合物的常用方法之一。应用萃取可以从固体或液体混合物中提取出所需物质，也可以用来洗去混合物中少量杂质。通常称前者为"抽取"或萃取，后者为"洗涤"。有机化合物在不同溶剂中的溶解度不同，如果将有机化合物加到两种互不相溶的溶剂中，有机化合物将分别溶在这两种溶剂中。实验证明，在一定温度下，该有机化合物与这两种溶剂不发生分解、电解、缔合和溶剂化等作用时，该有机化合物在这两种溶剂中的浓度之比为一常数，此即为"分配定律"，该常数称为"分配系数"，常用 K 来表示。假如某有机化合物在两种互不相溶的溶剂 A 和 B 中的浓度分别为 c_A 和 c_B，则在一定温度下，$c_A/c_B = K$，K 可以近似地看作此有机化合物在两种溶剂中的溶解度之比。

当用一定量的溶剂从水溶液中萃取有机化合物时，把溶剂分成几份进行多次萃取比用全部溶剂进行一次萃取要好。可用下列公式计算萃取效率：

$$m_n = m\left(\frac{KV}{KV + S}\right)^n$$

V 为被萃取溶液的体积（mL）；

m 为被萃取溶液中溶质的总含量（g）；

m_n 为溶质在水溶液中的剩余量（g）；

S 为每次萃取所用溶剂的体积（mL）；

K 为分配系数；

n 为萃取次数。

三、实验材料

仪器：分液漏斗，三角烧瓶，量筒，漏斗架，碱式滴定管。

试剂：5% 冰醋酸水溶液，0.20mol/L 标准氢氧化钠溶液，酚酞指示剂，乙醚。

四、实验内容及操作步骤

（1）用量筒量取 10mL 冰醋酸水溶液，装入分液漏斗中，然后加入 30mL 乙醚萃取。充分振荡，静置分层后，打开活塞，将下层水溶液放入 50mL 三角烧瓶内，备用。

（2）用量筒量取 10mL 冰醋酸水溶液，装入分液漏斗中，再分别用 10mL 乙醚萃取三次，将下层水溶液放入 50mL 三角烧瓶内，备用。

（3）往一次萃取和三次萃取的水溶液中分别加入 3～4 滴酚酞指示剂，用 0.20mol/L 标准氢氧化钠溶液滴定，记录所用氢氧化钠的体积，比较萃取效率。

五、实验注意事项

（1）萃取时要充分振摇分液漏斗，使萃取完全。

（2）用分液漏斗萃取充分振荡时，应注意打开活塞放气。

（3）当分液漏斗内液体分层明显后，下层液体从下口放出，上层液体从漏斗上口倒出。

思考题

（1）使用分液漏斗时应注意哪些事项？

（2）实验室使用乙醚应注意什么？

（3）怎样选择萃取溶剂？影响萃取效率的因素有哪些？

（何新蕾）

实验七　溶液的配制

一、实验目的

（1）掌握各种浓度溶液的配制及溶液稀释的操作。

（2）掌握台秤、量筒、吸量管、容量瓶等仪器的使用方法。

（3）培养细心观察、准确操作、认真记录的良好习惯。

二、实验原理

溶液的浓度是指一定量的溶液或溶剂中所含溶质的量。常用的浓度表示方法有：

物质的量浓度：$c_B = n_B/V$　　单位：mol/L

质量浓度：$\rho_B = m_B/V$　　单位：g/L

质量分数：$\omega_B = m_B/m$

体积分数：$\varphi_B = V_B/V$

溶液浓度的配制方法有两种：

（1）用一定量的溶液中所含的溶质的量来表示溶液的浓度，如 ω_B。其配制的方法是：将一定量的溶质和溶剂混合均匀即可。

（2）用一定体积的溶液中所含溶质的量来表示溶液的浓度，如 c_B、ρ_B、φ_B。其配制的方法是：将一定量的溶质与适量的溶剂先混合，使得溶质完全溶解，定量转移到量筒或容量瓶中，加溶剂到溶液总体积，混匀。

三、实验材料

仪器：100mL 量筒，10mL 吸量管，50mL 烧杯，台秤，玻璃棒，100mL 容量瓶，洗耳球，滴管。

试剂：$\varphi_B=95\%$ 的乙醇溶液，NaCl 固体，浓盐酸，NaOH 固体。

四、实验内容及操作步骤

1. 50mL 75％乙醇的配制

（1）要求：由市售 $\varphi_B=95\%$ 的乙醇配制 $\varphi_B=75\%$ 的消毒乙醇 50mL；

（2）计算：计算出为配制 75％乙醇 50mL 所需 95％的乙醇的体积＿＿＿mL；

（3）量取：量取 $\varphi_B=95\%$ 的乙醇＿＿＿ mL 于 100mL 量筒中；

（4）加水：加蒸馏水至 50mL 刻度线，用玻璃棒搅匀。

2. 100mL 9g/L 生理盐水的配制

（1）要求：配制 $\rho_B=9g/L$ 的生理盐水 100mL；

（2）计算：计算出配制 9g/L 的生理盐水 100mL 所需称量 NaCl 固体＿＿＿ g；

（3）称量：在台秤上准确称取 NaCl ＿＿＿ g 于 50mL 小烧杯中；

（4）溶解：加少量蒸馏水溶解 NaCl 固体；

（5）转移：将小烧杯中的溶解液用玻璃棒转移到 100mL 容量瓶中，并洗涤 3 次，洗涤液一并转入 100mL 容量瓶中；

（6）加水定容：加蒸馏水到 100mL 刻度线，混匀。

3. 100mL 1mol/L 盐酸溶液的配制

（1）要求：由市售 12mol/L 浓盐酸配制 1mol/L 盐酸溶液 100mL；

（2）计算：由公式 $c_浓 V_浓=c_稀 V_稀$ 计算出配制 1mol/L 盐酸溶液 100 mL 所需浓盐酸＿＿＿ mL；

（3）量取：用 10mL 吸量管量取浓盐酸＿＿＿ mL 于小烧杯中，加少量水初步稀释，冷却至室温；

（4）转移：将已稀释已冷却的盐酸溶液转移到 100mL 容量瓶中，洗涤烧杯 3 次，洗涤液一并转入容量瓶中；

（5）加水定容：加蒸馏水到 100mL 刻度线，混匀。

4. 100mL 0.1mol/L NaOH 溶液的配制

（1）要求：配制 0.1mol/L NaOH 溶液 100mL；

（2）计算：计算出配制 0.1mol/ LNaOH 溶液 100mL 需称量 NaOH 固体＿＿＿ g；

（3）称量：在台秤上用干净的小烧杯称取固体 NaOH ＿＿＿ g；

（4）溶解：加少量蒸馏水溶解，冷却至室温；

（5）转移：将已溶解已冷却的 NaOH 溶液转移到 100mL 容量瓶中，洗涤小烧杯

2～3次，洗涤液一并转移到100mL容量瓶中；

（6）加水定容：加蒸馏水至100mL刻度线，混匀即可。

五、实验注意事项

（1）配制好的溶液倒入回收瓶。

（2）稀释浓硫酸时，需特别注意应在不断搅拌下将浓硫酸缓缓地倒入盛水的容器中，切不可将水倒入浓硫酸中。

思考题

（1）为什么洗净的移液管还要用待取液润洗？容量瓶需要吗？

（2）用固体NaOH配制溶液时为什么最初不在容量瓶中配制？

（3）为什么在倾倒试剂时瓶塞要翻放在桌上或拿在手中？

（丁素君）

实验八　缓冲溶液的配制及性质

一、实验目的

（1）学习缓冲溶液的配制方法，加深对缓冲溶液性质的理解。

（2）熟练使用酸碱指示剂、pH试纸测定溶液的酸碱性。

（3）了解缓冲容量与总浓度和缓冲比的关系。

（4）培养严谨的工作作风和分析问题的能力。

二、实验原理

能抵抗外来少量强酸、强碱或适当稀释而保持pH基本不变的溶液称为缓冲溶液。缓冲溶液由共轭酸碱对（缓冲对）组成，其pH可通过公式计算得出：

$$pH = pK_a + \lg \frac{c_b}{c_a} \text{或} pH = pK_a + \lg \frac{n_A}{n_{HA}}$$

若配制缓冲溶液的共轭酸碱对原始浓度相同，则缓冲溶液pH可通过下式计算：

$$pH = pK_a + \lg \frac{V_b}{V_a}$$

即用相同浓度的共轭酸碱对配制缓冲溶液时，只需按计算值量取共轭酸（或碱）溶液的体积V_a（或V_b），混合后即可得到一定pH的缓冲溶液。

当缓冲对确定后，缓冲溶液的pH取决于缓冲比（$\frac{c_b}{c_a}$）。当缓冲比（$\frac{c_b}{c_a}$）一定时，缓冲溶液的总浓度（$c_a + c_b$）越大，溶液的缓冲能力越大；反之，总浓度（$c_a + c_b$）越小，缓冲能力也越小。

当缓冲溶液的总浓度（$c_a + c_b$）一定时，缓冲比（$\frac{c_b}{c_a}$）等于1时，缓冲能力最大。缓冲比越接近于1，缓冲能力越大。

配制缓冲溶液时，一般应遵循以下原则：

（1）选择适当的缓冲对，使其共轭酸的 pK_a 与所需溶液 pH 相等或相近。

（2）缓冲溶液的总浓度一般控制在 $0.05 \sim 0.20$ mol/L 之间。

（3）缓冲溶液的缓冲比尽可能接近于1。

三、实验材料

仪器：10mL 吸量管，烧杯，试管，量筒，玻璃棒等。

试剂：0.1mol/L 的 HCl 溶液，pH = 4 的 HCl 溶液，0.1mol/L HAc 溶液，1mol/L HAc 溶液，0.1mol/L NaOH 溶液，2mol/L NaOH 溶液，pH = 10 的 NaOH 溶液，0.1mol/L $NH_3 \cdot H_2O$ 溶液，0.1mol/L NaAc 溶液，1mol/L NaAc 溶液，0.1mol/L NaH_2PO_4 溶液，0.1mol/L Na_2HPO_4 溶液，0.1mol/L NH_4Cl，甲基红指示剂，广泛 pH 试纸，精密 pH 试纸。

四、实验内容及操作步骤

（一）缓冲溶液配制

甲、乙、丙三种缓冲溶液的组成如表 7-1。如配制三种缓冲溶液各 10mL，计算所需各组分的体积，并填入表 7-1 中。

按照表 7-1 中用量，用 10mL 吸量管分别吸取相应溶液配制甲、乙、丙三种缓冲溶液于已标号的 3 支大试管中。用广泛 pH 试纸测定所配制的缓冲溶液的 pH，填入表 7-1 中。试比较实验测定值与计算值是否相符（保留溶液，留作下面实验用）。

表 7-1　缓冲溶液理论配制与实验测定

缓冲溶液	pH	各组分的体积/mL	pH（测定值）
甲	4	0.1mol/L HAc	
		0.1 mol/LNaAc	
乙	7	0.1mol/L NaH_2PO_4	
		0.1mol/L Na_2HPO_4	
丙	10	0.1mol/L $NH_3 \cdot H_2O$	
		0.1mol/L NH_4Cl	

（二）缓冲溶液的性质

1. 缓冲溶液对强酸和强碱的缓冲能力

（1）在两支试管中各加入 3mL 蒸馏水，用广泛 pH 试纸测定其 pH，然后分别加入 3 滴 0.1 mol/L HCl 和 0.1 mol/L NaOH 溶液，再用广泛 pH 试纸测其 pH。

（2）表7-1中配制的甲、乙、丙三种溶液依次各取3mL，每种取2份，共取6份，分别加入3滴0.1 mol/L HCl 和0.1 mol/L NaOH 溶液，用广泛pH试纸测其pH并填入表7-2中。

表7-2　缓冲溶液的性质

缓冲溶液	甲		乙		丙	
	加酸	加碱	加酸	加碱	加酸	加碱
pH						

测定分别加入酸和碱后，同一缓冲溶液的pH有无变化？与未加酸、碱的缓冲溶液的pH比较有无变化？为什么？

2. 缓冲溶液对稀释的缓冲能力　按表7-3，在4支试管中，依次加入1mL pH=4的缓冲溶液、pH=4的HCl溶液、pH=10的缓冲溶液、pH=10的NaOH溶液，然后在各试管中加入10mL蒸馏水，混合后用精密pH试纸测量其pH。并解释实验现象。

表7-3　缓冲溶液的稀释

试管号	溶液	稀释后的pH
1	pH=4的缓冲溶液	
2	pH=4的HCl溶液	
3	pH=10的缓冲溶液	
4	pH=10的NaOH溶液	

（三）缓冲容量

1. 缓冲容量与总浓度（$c_a + c_b$）的关系　取2支试管，用吸量管在一支试管中加0.1mol/L HAc 和0.1mol/L NaAc 溶液各3mL，另一只试管中加1mol/L HAc 和1mol/L NaAc 溶液各3mL，摇匀。

用广泛pH试纸测两试管内溶液的pH是否相同。在两试管中分别滴入2滴甲基红指示剂，观察溶液颜色。然后在两试管中分别滴加2 mol/L NaOH 溶液（每加一滴均需充分混合），直到溶液的颜色变成黄色。记录各管所加的滴数。解释所得的结果。

2. 缓冲容量与缓冲比（$\dfrac{c_b}{c_a}$）的关系　取2支试管，用吸量管在一支试管中加入0.1mol/L Na$_2$HPO$_4$ 和0.1mol/L NaH$_2$PO$_4$ 各5mL，另一支试管中加入9mL 0.1mol/L Na$_2$HPO$_4$ 和1mL 0.1mol/L NaH$_2$PO$_4$，用精密pH试纸或pH计测定两溶液的pH。然后在每支试管中加入0.5mL 0.1mol/L NaOH 再用精密pH试纸测定其pH。每一试管加NaOH溶液前后两次的pH是否相同？两只试管比较情况又如何？解释原因。

五、实验注意事项

（1）玻璃棒每次用完要注意冲洗干净再使用。

（2）不能将pH试纸直接插入试剂中测定溶液pH。

（3）使用指示剂应适量，不要过多。

（4）实验中注意观察实验现象，并及时做好记录。

思考题

（1）缓冲溶液的 pH 由哪些因素决定？为什么在缓冲溶液中加入少量的强酸、强碱或稀释时，溶液的 pH 几乎不变？

（2）缓冲溶液的缓冲能力大小与什么有关？

（3）现有下列几种酸及这些酸的各种对应盐类（包括酸式盐），欲配制 pH = 2、pH = 10、pH = 12 的缓冲溶液，应各选用哪些缓冲对较好？

H_3PO_4、HAc、$H_2C_2O_4$、H_2CO_3、HF

（4）使用 pH 试纸检验溶液的 pH 时，应注意哪些问题？

（丁素君）

第二章　性　质　实　验

实验九　金属元素的性质

一、实验目的

（1）掌握碱金属、碱土金属的化学活泼性。

（2）熟悉铝、锡、铅氢氧化物和盐类的溶解性。

（3）了解铜、银、锌、镉、汞的配位能力。

二、实验原理

1. 碱金属和碱土金属的性质　碱金属的金属活泼性递变规律可以反映在与氧气或者与水的作用上。钠、钾在空气中稍加热就燃烧起来，而铷和铯在室温下遇到空气就立即燃烧。钠、钾能和水、稀酸发生剧烈的反应，在酸性条件下，它又可以被高锰酸钾所氧化。碱土金属也有较强的还原性，Mg、Ca、Sr、Ba 可以与水作用，除了 Mg 和水要在加热条件下反应外，其他金属在常温下就可以和水反应。

碱金属盐多数易溶于水，只有少数几种盐难溶，可利用它们的难溶性来鉴定 K^+、Na^+。碱土金属盐比碱金属相应盐的溶解度小。氯化物、硝酸盐、醋酸盐、高氯酸盐易溶于水，碳酸盐、草酸盐、磷酸盐都是难溶盐。硫酸盐、铬酸盐溶解度差异较大。可利用难溶盐的生成和溶解性差异来鉴定 Mg^{2+}、Ca^{2+}。

碱金属和 Ca、Sr、Ba 等单质及其挥发性的盐在无色火焰中灼烧，能使火焰呈现出各种特征的颜色，称为焰色反应。

2. 铝、锡、铅的性质　铝很活泼，但在水中稳定，主要是由于金属表面形成致密的氧化膜不溶于水。

最常见的铝盐是 $AlCl_3$ 和 $KAl(SO_4)_2 \cdot 12H_2O$（明矾），溶于水后易发生水解，生成 $Al(OH)_3$ 胶状沉淀。这些水解产物能吸附水中的泥沙、重金属离子及有机污染物等而一起沉降，因此可用作水的净化剂。$AlCl_3$ 是有机合成中常用的催化剂。

锡、铅是中等活泼的金属，都能形成氧化数为 +2 和 +4 的氧化物和氢氧化物。这些氧化物和氢氧化物都是两性的。铅的 +2 氧化态较稳定，锡的 +4 氧化态较稳定。

锡和铅的盐中最常见的是卤化物。$SnCl_2$ 是实验室中常用的重要还原剂。$SnCl_2$ 易水解，Sn^{2+} 在溶液中易被空气中的 O_2 所氧化。因此，在配制 $SnCl_2$ 溶液时，应先加入少量浓 HCl 抑制其水解，并在配制好的溶液中加入少量金属 Sn 粒。$PbCl_2$ 为白色固体，冷水中微溶，能溶于热水，也能溶于盐酸或过量的 NaOH 溶液中。

锡、铅的硫化物均不溶于水和稀酸。将 H_2S 作用于相应的盐溶液，就可得到其硫化物沉淀，但不生成 PbS_2。

三、实验材料

仪器：烧杯，试管，小刀，镊子，坩埚，离心机，铂丝（或镍铬丝），广泛 pH 试纸，钴玻璃，滤纸。

试剂：钠，钾，镁条，醋酸钠。

LiCl（0.5mol/L），KCl（0.5mol/L），$MgCl_2$（0.5mol/L），$CaCl_2$（0.5mol/L），$BaCl_2$（0.5mol/L，0.1mol/L），NaOH（2.0mol/L，6.0mol/L），Na_2CO_3（2.0mol/L，0.1mol/L），氨水（0.5mol/L），饱和 NH_4Cl 溶液，HCl（6.0mol/L），HAc（2.0mol/L），H_2SO_4（2.0mol/L），$KSb（OH）_6$，$KMnO_4$（0.01mol/L），$(NH_4)_2C_2O_4$，$AlCl_3$，$SnCl_2$，$PbCl_2$，$(NH_4)_2CO_3$（0.1mol/L），$SrCl_2$（0.5mol/L），NaCl（0.5mol/L），酚酞试剂。

四、实验内容

1. 钠的性质　用镊子从煤油中取黄豆大小的金属钠，用滤纸吸干其表面的煤油，切去表面的氧化膜，立即置于坩埚中加热。当钠开始燃烧时，停止加热。观察反应情况和产物的颜色、状态。冷却后，将产物放入试管并加入 2mL 水，检验管口有无气体放出，并用广泛 pH 试纸检验溶液的酸碱性。再用 2 mol/L H_2SO_4 酸化，滴加 1~2 滴 0.01 mol/L $KMnO_4$ 溶液。观察紫色是否褪去。写出以上有关的反应方程式。

2. 镁、钙、钡的氢氧化物的溶解性

（1）取 3 支试管，分别加入浓度均为 0.5 mol/L 的 $MgCl_2$、$CaCl_2$、$BaCl_2$ 溶液各 2mL，每个试管均加 3mL 2mol/L NaOH 溶液，放置，观察形成沉淀的情况。然后把各个沉淀分成两份，分别加入 6 mol/L 盐酸溶液和 6 mol/L 氢氧化钠溶液，观察沉淀是否溶解，写出反应方程式。

（2）在 1 支试管中加入 10 滴 0.5 mol/L 氯化镁溶液，再加入等体积 0.5 mol/L 的 $NH_3 \cdot H_2O$，观察沉淀的颜色和状态。往有沉淀的试管中逐滴加入饱和 NH_4Cl 溶液 1mL，并不断振荡，观察有何现象？写出反应方程式。

3. 镁、钙、钡盐的溶解性　取 3 支试管，分别加入浓度均为 0.5 mol/L 的 $MgCl_2$、$CaCl_2$ 和 $BaCl_2$ 溶液各 3~5 滴，然后分别逐滴在 3 支试管加入等量的 0.1 mol/L Na_2CO_3 溶液，观察沉淀的生成。检查沉淀在 2 mol/L HAc 溶液中是否溶解。写出反应方程式并加以解释。用 2~3 滴氨 - 碳酸铵的等体积混合液［含 0.1mol/L NH_3 和 0.1 mol/L $(NH_4)_2CO_3$］代替 0.1 mol/L Na_2CO_3 溶液，重复上述操作，观察现象。

4. 焰色反应　取一根铂丝，在 4.0 mol/L 盐酸溶液中浸泡后于火焰中烧至无色。分别蘸取浓度均为 0.5 mol/L 的 NaCl、LiCl、KCl、$CaCl_2$、$SrCl_2$ 和 $BaCl_2$ 溶液在氧化焰上灼烧，观察火焰颜色。每次实验完毕，均蘸取盐酸溶液在氧化焰上烧至无色后再蘸取另一溶液灼烧。实验完毕，再蘸以盐酸溶液在氧化焰中再烧至近无色后保存铂丝。

5. 铝、锡、铅氢氧化物的酸碱性　取实验室常用试剂自制少量 Al（OH）₃、Sn

（OH）$_2$、Pb（OH）$_2$，检验它们的酸碱性，由此得出结论［检验 Pb（OH）$_2$ 的碱性时用什么酸？］

6. 铝、锡、铅盐的水解性 取 3 支试管，分别取 $AlCl_3$、$SnCl_2$，$PbCl_2$ 固体少量，加水，测定 pH，观察其水解情况。在水解产物中加酸，情况又会如何？

五、实验注意事项

（1）钠、钾等活泼金属暴露于空气中或与水接触，均易发生剧烈反应，因此，应把它们保存在煤油中，放置于阴凉处。使用时应在煤油中切割成小块，用镊子夹起，再用滤纸吸干表面的煤油，切勿与皮肤接触。未用完的金属屑不能乱丢，可加少量酒精使其缓慢分解。

（2）当 K^+ 和 Na^+ 共存时，K^+ 的紫色火焰可能被 Na^+ 的黄色火焰所掩盖，在观察时用蓝色钴玻璃滤去黄色火焰。

思考题

（1）解释碱土金属氢氧化物溶解度的变化原因。
（2）用（NH_4）$_2CO_3$ 作沉淀剂，沉淀 Ba^{2+} 等离子，为何要加入氨水？
（3）今有未贴标签无色透明的氯化亚锡、四氯化锡溶液各一瓶，如何鉴别？

（睢超霞）

实验十 非金属元素的性质

一、实验目的

（1）掌握卤素单质的氧化性，卤素离子的还原性，学习卤素离子的分离与鉴定方法。
（2）掌握不同氧化态硫化物和氮化物的主要性质。
（3）了解磷酸盐的酸碱性和溶解性。

二、实验原理

卤素属典型的非金属元素，单质都较难溶于水，溴与碘可以溶于 CS_2 和 CCl_4 等有机溶剂，并产生特征颜色，溴在 CS_2 和 CCl_4 溶剂中随浓度增加溶液由黄到棕红色，碘则呈紫色。卤素单质的溶解性质和在有机溶剂中的特征颜色，可用于卤素离子分离和鉴别。

卤素单质都具有氧化性，并按氟、氯、溴、碘顺序依次减小。卤素离子的还原性按氯、溴、碘顺序依次增强。

氧族元素位于周期表中ⅥA，其中氧和硫为较活泼的非金属元素。氧的化合物 H_2O_2 是一种蓝色液体，不稳定，宜分解。硫的化合物 H_2S 有还原性，大多数金属硫化物溶解度小，且具有特征颜色。

硝酸具有强的氧化性，亚硝酸既有氧化性也有还原性。硝酸盐均可溶；铵盐大多数不稳定，受热易分解。

三、实验材料

试剂：Zn 粒，氨水，冰块，HCl（2mol/L，6mol/L），H_2SO_4（3mol/L），KOH（6mol/L）、NaOH（6mol/L），KI（0.1mol/L），KBr（0.1mol/L），$FeCl_3$（0.1mol/L），$AgNO_3$（0.1mol/L），NH_4Cl（0.1mol/L），$MnSO_4$（0.1mol/L），饱和 $KClO_3$，淀粉溶液，饱和 Cl_2 水（新鲜配制），CCl_4，Pb（NO_3）$_2$（0.1mol/L），Na_2S（0.1mol/L），Na_2SO_3（0.5 mol/L），硫代乙酰胺（0.1mol/L），饱和 NaClO 溶液，饱和 KIO_3 溶液，HNO_3（2mol/L），铜片，浓 HNO_3。

仪器：大试管，表面皿，离心管，离心机，KI-溶粉试低，红色石蕊试纸。

四、实验内容及操作步骤

（一）卤素的性质

（1）取 2 支试管，分别加入 0.5mL 浓度均为 0.1mol/L 的 KI 和 KBr 溶液，再加入 2 滴 0.1 mol/L 的 $FeCl_3$ 溶液和 0.5mL CCl_4 溶液。充分振荡，观察两试管中 CCl_4 层的颜色有无变化，并解释实验现象。

（2）将 $FeCl_3$ 溶液换成饱和 Cl_2 水，重复步骤（1），观察 CCl_4 层颜色变化，并予说明。

（3）取 3 只试管，每只试管加 0.5mL 自制 NaClO 溶液，分别与下列试剂反应。

① 浓 HCl 溶液（提示：用 KI – 淀粉试纸检验反应产生气体）

② 0.1mol/L KI 溶液（如何判断 I_2 产生？若无 I_2 产生，则 I_2 转化为何种物质？为什么？若无 I_2 生成，重做此实验，用稀盐酸中和 NaClO 溶液，使 pH 近似为 8）。

③ 0.1mol/L $MnSO_4$ 溶液。观察并解释实验现象，写出反应方程式。

（4）另取 3 只试管，每只试管加 0.5mL 自制的饱和 $KClO_3$ 溶液，分别与下列试剂反应。

① 浓 HCl 溶液

② 0.1mol/L KI 溶液

③ 用 3mol/L 的 H_2SO_4 溶液酸化 0.1mol/L KI 溶液，观察实验现象，写出反应方程式。

根据步骤（3）、（4）比较 NaClO、$KClO_3$ 氧化性强弱。

（5）取 2 支试管，加入 0.1 mol/L KI 1~2 滴，并用 3 mol/L H_2SO_4 酸化，然后分别滴加 $KClO_3$ 与 KIO_3 饱和溶液，每滴加 1~2 滴后，剧烈振荡，观察溶液变化，写出每步变化的离子方程式，试比较 KIO_3 与 $KClO_3$ 的氧化性强弱。

（二）硫化物的性质

（1）取 2 支离心管，各加入 1mL 0.1 mol/L Pb（NO_3）$_2$ 和 0.1mol/L Na_2S 溶液，观察现象，离心分离并弃去溶液，再往第一支试管中加入 2mL 2mol/L HCl，往第二支试管中加入 1mL 6mol/L HCl，观察沉淀的溶解情况并说明原因。

（2）往试管中加入 2mL 浓度为 0.5mol/L 的 Na_2SO_3 溶液，用 3 mol/L 的 H_2SO_4 酸化，观察有无气体产生。用湿润的 pH 试纸接近试管口，观察现象。然后将溶液分成两份，一份滴加 0.1mol/L 的硫代乙酰胺溶液，另外一份滴加 0.5mol/L 的 $K_2Cr_2O_7$ 溶液，观察现象，解释亚硫酸盐具有什么性质，写出相关方程式。

（三）氮化合物的性质

1. NH_4^+ 的鉴定　在一干燥的表面皿内滴入 0.1mol/L NH_4Cl 溶液和 6mol/L NaOH 溶液各 2 滴，在另一块稍小的表面皿上贴上湿润的红色石蕊试纸，并扣在前一块表面皿上，在水浴上加热，观察现象。

2. 硝酸的氧化性　取 2 支试管个加入一小块铜片，向 2 支试管中分别加入 1mL 浓硝酸和 10 滴 2mol/L 的硝酸，观察现象，写出反应方程式。

思考题

（1）比较单质 Br_2，I_2 在 CCl_4 中溶解性及其颜色。

（2）现有 A，B，C 三瓶未知的 NaX 固体样品，分别与 H_2SO_4 反应，A 瓶产生气体只使 pH 试纸变红，B 瓶产生气体使 Pb（Ac）$_2$ 试纸变黑，又可使碘化钾 - 淀粉试纸变蓝，C 瓶产生气体使 KI - 淀粉试纸变蓝，试判断 A，B，C 各为何种卤化物，写出相关的反应方程式。

（3）写出浓硝酸分别与硫、铜作用的反应方程式。

（睢超霞）

实验十一　常见非金属离子及金属离子的鉴定

一、实验目的

（1）学习常见离子的鉴定方法。

（2）掌握常见非金属离子、金属离子鉴定的一般原理和方法。

二、实验原理

（一）常见的阴离子

主要有 Cl^-、Br^-、I^-、S^{2-}、$S_2O_3^{2-}$、SO_4^{2-}、SO_3^{2-}、NO_3^-、NO_2^-、PO_4^{3-}、$C_2O_4^{2-}$ 等 11 种，根据它们的特效反应可一一进行鉴别。

1. Cl^-、Br^-、I^- 的分离与鉴定　卤素离子 X^-（$X = Cl$、Br、I）遇 $AgNO_3$ 生成难溶的 AgX 沉淀，$AgCl$ 在氨水或碳酸铵溶液中由于生成配离子 $[Ag(NH_3)_2]^+$ 而溶解：

$$AgCl + 2NH_3 \Longrightarrow [Ag(NH_3)_2]^+ + Cl^-$$

利用这个性质可将 $AgCl$ 与 $AgBr$、AgI 分离。在分离了 $AgBr$、AgI 的 $[Ag(NH_3)_2]^+$ 溶液中加入硝酸酸化，则 $AgCl$ 又重新沉淀，其反应为

$$[Ag(NH_3)_2]^+ + Cl^- + 2H^+ \Longrightarrow AgCl\downarrow + 2NH_4^+$$

$AgBr$、AgI 用锌粉还原后又得到 Br^- 和 I^-，其反应为

$$2AgX + Zn \Longrightarrow 2Ag + Zn^{2+} + 2X^-$$

Br^- 和 I^- 可被氯水氧化为 Br_2 和 I_2。如用 CCl_4 萃取，Br_2 在 CCl_4 层中呈橙黄色，I_2 在 CCl_4 层中呈紫色，借此可鉴定 Br^- 和 I^-。

2. S^{2-}、$S_2O_3^{2-}$、SO_3^{2-} 的分离与鉴定　S^{2-} 在弱碱性条件下，能与亚硝酰铁氰化钠 $Na_2[Fe(CN)_5NO]$ 反应生成紫红色配合物 $[Fe(CN)_5NOS]^{4-}$，利用这种特征反应能鉴定 S^{2-}。

$S_2O_3^{2-}$ 与 Ag^+ 生成白色硫代硫酸银沉淀，然后迅速转变成黄色、棕色，最后变为黑色的 Ag_2S 沉淀。这是 $S_2O_3^{2-}$ 最特殊的反应之一，可用来鉴别 $S_2O_3^{2-}$ 的存在。另外 $S_2O_3^{2-}$ 遇酸生成白色或淡黄色沉淀：

$$S_2O_3^{2-} + 2H^+ \Longrightarrow S\downarrow + SO_2\uparrow + H_2O$$

SO_3^{2-} 能与 $Na_2[Fe(CN)_5NO]$ 生成红色沉淀，加入 $ZnSO_4$ 的饱和溶液和 $K_4[Fe(CN)_6]$ 溶液，可使红色加深。利用这一反应可鉴定 SO_3^{2-}。SO_3^{2-} 能使有机染料品红溶液褪色，可以利用来鉴定 SO_3^{2-}。但 S^{2-} 也能使品红溶液褪色，必须注意此干扰反应。当 S^{2-}、$S_2O_3^{2-}$、SO_3^{2-} 共存时，会影响 $S_2O_3^{2-}$ 或 SO_3^{2-} 的鉴定。可采用在混合溶液中加入固体 $PbCO_3$，使 S^{2-} 转化为 PbS 沉淀的方法而除去。分离后再分别鉴定 $S_2O_3^{2-}$ 或 SO_3^{2-}。

3. SO_4^{2-} 的鉴定　SO_4^{2-} 在强酸性介质中能与 Ba^{2+} 溶液生成难溶的白色沉淀 $BaSO_4$，利用这一反应可鉴定 SO_4^{2-} 的存在。

4. NO_3^-、NO_2^- 的分离与鉴定

（1）NO_3^- 一般用棕色环法鉴定，其反应如下：

$$3Fe^{2+} + NO_3^- + 4H^+ \Longrightarrow 3Fe^{3+} + 2H_2O + NO$$

$$NO + Fe^{2+} \Longrightarrow [Fe(NO)]^{2+} \quad （棕色）$$

（2）在 HAc 介质中，NO_2^- 与 $FeSO_4$ 也能生成棕色 $[Fe(NO)]SO_4$ 溶液，利用这一反应可鉴定 NO_2^- 的存在。（检验 NO_3^- 时，必须用浓 H_2SO_4）

$$NO_2^- + Fe^{2+} + 2HAc \Longrightarrow NO + Fe^{3+} + 2Ac^- + H_2O$$

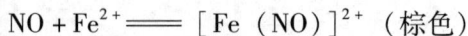

$$NO + Fe^{2+} =\!=\!= [Fe(NO)]^{2+} \text{（棕色）}$$

（3）当 NO_3^- 与 NO_2^- 共存时，会干扰 NO_3^- 的鉴定。除去 NO_2^- 的方法是在混合溶液中加饱和 NH_4Cl 溶液一起加热，利用 NO_2^- 和 NH_4^+ 反应生成 N_2 而除去 NO_2^-。

$$NH_4^+ + NO_2^- =\!=\!= N_2\uparrow + 2H_2O$$

5. PO_4^{3-} 的鉴定 PO_4^{3-} 在硝酸介质中能与钼酸铵反应生成黄色难溶的晶体，利用这一现象可鉴定 PO_4^{3-} 的存在，反应如下：

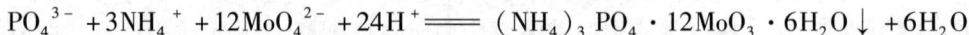

$$PO_4^{3-} + 3NH_4^+ + 12MoO_4^{2-} + 24H^+ =\!=\!= (NH_4)_3PO_4 \cdot 12MoO_3 \cdot 6H_2O\downarrow + 6H_2O$$

6. $C_2O_4^{2-}$ 的鉴定 二苯胺与草酸或草酸盐熔化时生成蓝色苯胺染料，此反应为特效反应，可用于鉴定 $C_2O_4^{2-}$ 的存在。

（二）常见的阳离子

主要有 Na^+、K^+、Ca^{2+}、Ba^{2+}、Mg^{2+}、Cu^{2+}、Ag^+、NH_4^+、Fe^{2+}、Fe^{3+}、Hg^{2+}、Ni^{2+}、Co^{2+}、Cr^{3+}、Mn^{2+} 等。常见阳离子的鉴定方法有：

1. 利用沉淀反应鉴定离子

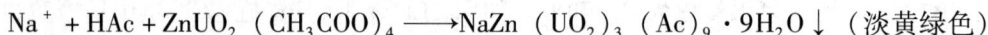

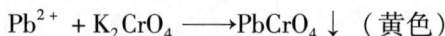

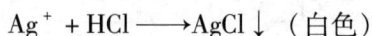

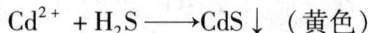

$Na^+ + HAc + ZnUO_2(CH_3COO)_4 \longrightarrow NaZn(UO_2)_3(Ac)_9 \cdot 9H_2O\downarrow$ （淡黄绿色）

$K^+ + Na_3[Co(NO_2)_6] \longrightarrow K_2Na[Co(NO_2)_6]\downarrow$ （亮黄色）

$Ba^{2+} + K_2CrO_4 \longrightarrow BaCrO_4\downarrow$ （柠檬黄色）

$Ca^{2+} + (NH_4)_2C_2O_4 \longrightarrow CaC_2O_4\downarrow$ （白色）

$Pb^{2+} + K_2CrO_4 \longrightarrow PbCrO_4\downarrow$ （黄色）

$Fe^{2+} + K_3[Fe(CN)_6] \longrightarrow KFe[Fe(CN)_6]\downarrow$ （滕氏蓝）

$Fe^{3+} + K_4[Fe(CN)_6] \longrightarrow KFe[Fe(CN)_6]\downarrow$ （普鲁氏蓝）

$Cu^{2+} + K_4[Fe(CN)_6] \longrightarrow Cu_2[Fe(CN)_6]\downarrow$ （红褐色）

$Ag^+ + HCl \longrightarrow AgCl\downarrow$ （白色）

$Cd^{2+} + H_2S \longrightarrow CdS\downarrow$ （黄色）

2. 利用氧化还原反应鉴定离子

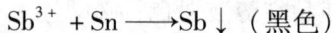

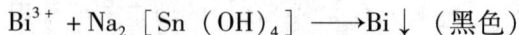

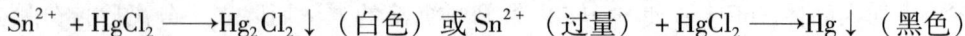

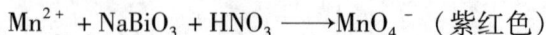

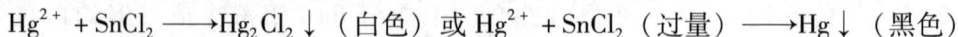

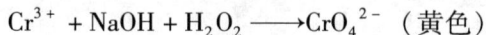

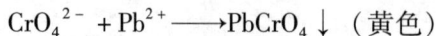

$Sb^{3+} + Sn \longrightarrow Sb\downarrow$ （黑色）

$Bi^{3+} + Na_2[Sn(OH)_4] \longrightarrow Bi\downarrow$ （黑色）

$Sn^{2+} + HgCl_2 \longrightarrow Hg_2Cl_2\downarrow$ （白色）或 Sn^{2+}（过量）$+ HgCl_2 \longrightarrow Hg\downarrow$ （黑色）

$Mn^{2+} + NaBiO_3 + HNO_3 \longrightarrow MnO_4^-$ （紫红色）

$Hg^{2+} + SnCl_2 \longrightarrow Hg_2Cl_2\downarrow$ （白色）或 $Hg^{2+} + SnCl_2$（过量）$\longrightarrow Hg\downarrow$ （黑色）

$Cr^{3+} + NaOH + H_2O_2 \longrightarrow CrO_4^{2-}$ （黄色）

$CrO_4^{2-} + Pb^{2+} \longrightarrow PbCrO_4\downarrow$ （黄色）

3. 利用配位反应鉴定离子

$Co^{2+} + NH_4SCN + 丙酮 \longrightarrow [Co(SCN)_4]^{2-}$ （蓝色）

$Ni^{2+} + 丁二酮肟 \longrightarrow$ 红色螯合物沉淀

$Hg^{2+} + KI$（过量）$\longrightarrow [HgI_4]^{2-}$ （无色）

4. 利用特征反应产物鉴定离子

$NH_4^+ + OH^- \longrightarrow NH_3\uparrow$ （加热）

NH_4^+ + 奈斯勒试剂——→$Hg_2Ni↓$（棕色）

Mg^{2+} + 镁试剂——→天蓝色沉淀

Al^{3+} + 铝试剂——→红色絮状沉淀

CrO_4^{2-} + HNO_3 + H_2O_2 + 乙醚——→CrO_3（蓝色）

5. 利用焰色反应鉴定离子

Na^+	K^+	Ba^{2+}	Ca^{2+}	Li^+	Sr^{2+}
黄色火焰	紫色火焰	黄绿色火焰	砖红色火焰	红色火焰	洋红色火焰

三、实验材料

1. 仪器　离心试管、滴管、离心机、点滴板、表面皿。

2. 试剂

（1）酸：2.0 mol/L 的 HCl、HNO_3、H_2SO_4、HAc 溶液；6.0 mol/L 的 HCl、H_2SO_4、HNO_3、HAc 溶液；浓 HNO_3、H_2SO_4，H_2S（饱和）溶液。

（2）碱：2.0 mol/L 的 NaOH、$NH_3 \cdot H_2O$、$NaHCO_3$ 溶液；6.0 mol/L 的 NaOH、$NH_3 \cdot H_2O$ 溶液。

（3）盐：0.1mol/L 的 $AgNO_3$、$BaCl_2$、NaCl、KBr、KI、KNO_3、$K_4[Fe(CN)_6]$、Na_2S、$Na_2S_2O_3$、Na_2SO_3、$NaNO_2$、Na_2SO_4、$AlCl_3$、$CaCl_2$、$CuSO_4$、$Cu(NO_3)_2$、KI、$K_2Cr_2O_7$、K_2CrO_4、$K_3[Fe(CN)_6]$、KSCN、$MgCl_2$、NaCl、NH_4Cl、$FeSO_4$、$FeCl_3$ 溶液。饱和 $(NH_4)_2C_2O_4$ 溶液、1% $Na_2[Fe(CN)_5NO]$ 溶液、$ZnSO_4$ 饱和溶液、NH_4Cl 饱和溶液。

（4）固体：$FeSO_4 \cdot 7H_2O$ 晶体、锌粉、KSCN、NH_4F。

（5）其他：氯水、四氯化碳、钼酸铵溶液、α-萘胺、对氨基苯磺酸、H_2O_2（3%）、乙醚、丙酮、钴亚硝酸钠溶液、醋酸铀酰锌溶液，镁试剂（对硝基苯偶氮间苯二酚）、铝试剂、奈斯勒试剂、丁二酮肟、二苯硫腙。

3. 试纸　Pb$(Ac)_2$ 试纸、pH 试纸、红色石蕊试纸。

四、实验内容与操作步骤

（一）阴离子的鉴定

1. Cl^- 的鉴定　取 2 滴 0.1mol/L NaCl 溶液于一支试管中，加入 1 滴 2.0mol/L HNO_3，再加入 2 滴 0.1mol/L 的 $AgNO_3$ 溶液，观察沉淀颜色。在沉淀中加入 2.0mol/L 的 $NH_3 \cdot H_2O$ 溶液使沉淀溶解，再加 2.0mol/L HNO_3 溶液，又有白色沉淀产生，表示 Cl^- 存在。

2. Br^- 的鉴定　取 2 滴 0.1 mol/L 的 KBr 溶液于一支试管中，加入 1 滴 2.0 mol/L 的 H_2SO_4 溶液和 0.5 mL 四氯化碳，再逐滴加入氯水，边加边振荡试管，观察四氯化碳层有橙黄色出现，表示有 Br^- 存在。

3. I^- 的鉴定　用 2 滴 0.1mol/L KI 溶液替代 KBr 溶液进行上述实验，四氯化碳层有紫色出现，表示有 I^- 存在。

4. S^{2-} 的鉴定 取 1 滴 0.1mol/L Na_2S 溶液，放在点滴板上，加 1 滴 1% $Na_2[Fe(CN)_5NO]$ 溶液，出现紫红色表示有 S^{2-} 存在。

在试管中加滴 0.1mol/L Na_2S 溶液和 6.0mol/L HCl 溶液，微热，用湿润的 $Pb(Ac)_2$ 试纸检查逸出的气体，试纸呈黑色表示有 S^{2-} 存在。

5. SO_3^{2-} 的鉴定 在点滴板上加 2 滴饱和 $ZnSO_4$ 溶液和 1 滴 0.1mol/L $K_4[Fe(CN)_6]$ 溶液，再加 1 滴 1% $Na_2[Fe(CN)_5NO]$ 溶液，然后滴加 Na_2SO_3 溶液，出现红色沉淀，表示有 SO_3^{2-} 存在。

在点滴板上放 1 滴品红溶液，加 1 滴 Na_2SO_3 溶液，溶液褪色表示有 SO_3^{2-} 存在。（Na_2SO_3 溶液若为酸性，必须先用 $NaHCO_3$ 溶液中和；Na_2SO_3 溶液若为碱性须加 1 滴酚酞，通入 CO_2 至饱和使溶液由红色变为无色）

6. SO_4^{2-} 的鉴定 取 3 滴 0.1mol/L Na_2SO_4 溶液于试管中，加入 6.0mol/L 的 HCl 酸化，再加入 0.1mol/L $BaCl_2$ 溶液，有白色沉淀析出，表示有 SO_4^{2-} 存在。

7. NO_3^- 的鉴定 取 5 滴 0.1mol/L KNO_3 溶液，用水稀释至 1 mL，加数粒 $FeSO_4 \cdot 7H_2O$ 晶体，振荡溶解后，斜持试管，沿管壁滴加 20～25 滴 6.0mol/L H_2SO_4，静置片刻，观察浓 H_2SO_4 与液面交界处有棕色环生成，则表示有 NO_3^- 存在。

8. NO_2^- 的鉴定 取 1 滴 0.1mol/L $NaNO_2$ 溶液，加几滴 2.0mol/L HAc，再加 1 滴对氨基苯磺酸和 1 滴 α-萘胺。若溶液显粉红色，表示有 NO_2^- 存在。

取 5 滴 0.1mol/L $NaNO_2$ 溶液，加几滴 2.0mol/L HAc 酸化，加数粒 $FeSO_4 \cdot 7H_2O$ 晶体，振荡溶解后，静置片刻，观察若有棕色生成，则表示有 NO_2^- 存在。

（二）阳离子的鉴定

1. NH_4^+ 的鉴定 ①用两块干燥的表面皿，一块表面皿内滴入 NH_4Cl 和 NaOH，另一块贴上湿的红色石蕊试纸或滴有奈斯勒试剂的滤纸条，然后迅速把两块表面皿扣在一起，若红色石蕊试纸变蓝或奈斯勒试纸变棕色，则表示 NH_4^+ 存在；②在点滴板上加入 1 滴 0.1mol/L NH_4Cl 溶液，再加 1 滴奈斯勒试剂，若出现红棕色沉淀，表示有 NH_4^+ 存在。NH_4^+ 含量少时，不生成红棕色沉淀，而得到黄色溶液。（注意 Fe^{3+}、Cr^{3+}、Co^{2+}、Ni^{2+}、Ag^+、Hg^{2+} 等也能与奈斯勒试剂生成有色沉淀，干扰 NH_4^+ 的鉴定）

2. Mg^{2+} 的鉴定 取试液 1 滴，加入 2.0 mol/L NaOH 5 滴及镁试剂 1～2 滴，混匀后，如有天蓝色沉淀生成，表示有 Mg^{2+} 存在。Mg^{2+} 少时溶液由红紫色变成蓝色。加入镁试剂后，溶液显黄色表示试液酸性太强，应加入碱液。

强碱性介质中能生成有色沉淀的离子 Ag^+、Hg^{2+}、Ni^{2+}、Co^{2+}、Cr^{3+}、Cu^{2+}、Mn^{2+}、Fe^{3+} 等对反应有干扰。

3. Ca^{2+} 的鉴定 取试液 2～3 滴，加入饱和 $(NH_4)_2C_2O_4$ 溶液 2～3 滴，若有白色沉淀生成，表示有 Ca^{2+} 存在，沉淀不溶于乙酸。[注意 Ba^{2+} 和 Sr^{2+} 也与 $(NH_4)_2C_2O_4$ 生成同样的沉淀]

4. Ba^{2+} 的鉴定 取试液 3～4 滴，加入 2～3 滴 0.1mol/L K_2CrO_4 溶液，如有黄色沉淀产生，表示有 Ba^{2+} 存在。Sr^{2+} 对 Ba^{2+} 的鉴定有干扰，但 $SrCrO_4$ 与 $BaCrO_4$ 不同的是，$SrCrO_4$ 在乙酸中可溶解，所以反应应在乙酸存在下进行。

5. Ag^+ 的鉴定 取 2 滴 $AgNO_3$ 试液于试管中，加入 2 滴 2.0mol/L HCl，如有白色沉淀生成，将沉淀离心分离，并用蒸馏水洗涤一次，然后在沉淀上加入 6.0 mol/L $NH_3 \cdot H_2O$，使沉淀溶解。取一部分溶解液于试管中，加入 6.0 mol/L HNO_3，白色沉淀重又生成，说明有 Ag^+ 存在。或取一部分溶解液于试管中，加入 0.1mol/L KI，如有黄色沉淀生成，表示有 Ag^+ 存在。Hg^{2+}、Pb^{2+} 对 Ag^+ 的鉴定有干扰。

6. Fe^{2+} 的鉴定 取 1 滴 $FeSO_4$ 试液于点滴板上，加 1 滴 2.0mol/L HCl 酸化，再加入 1 滴 0.1mol/L $K_3 [Fe(CN)_6]$ 溶液，如有蓝色沉淀出现，表示有 Fe^{2+} 存在。

7. Fe^{3+} 的鉴定 取 2 滴 $FeCl_3$ 试液于点滴板上，加 2 滴 2.0 mol/L HCl 溶液和 0.1 mol/L $K_4 [Fe(CN)_6]$ 溶液，如立即出现蓝色沉淀，表示有 Fe^{3+} 存在。蓝色沉淀溶于强酸，强碱能分解生成的沉淀，加入试剂太多，也会溶解沉淀。

或取 1 滴 $FeCl_3$ 试液于点滴板上，加 1 滴 2.0mol/L HCl 溶液酸化，再加入 1 滴 0.1 mol/L KSCN 溶液，如溶液显血红色，表示有 Fe^{2+} 存在。

思考题

（1）在鉴定 $S_2O_3^{2-}$ 时，如果 Na_2SO_3 比 $AgNO_3$ 的量多，会出现什么情况？为什么？

（2）鉴定 Cl^- 时，为什么先加 HNO_3 溶液？用氯水鉴定 I^- 时，若加量过多会产生什么情况？

（3）鉴定 NO_3^- 时，怎样除去 S^{2-}、$S_2O_3^{2-}$、Br^- 的干扰？

（4）如何分离并鉴定下列各组离子？

①Cl^-、SO_4^{2-}、PO_4^{3-}；

②S^{2-}、$S_2O_3^{2-}$、NO_3^- 和 I^-。

（5）配制下列各组溶液，并设计合理的分离鉴定步骤。

①K^+、Na^+、Mg^{2+}、NH_4^+；

②Cr^{3+}、Al^{3+}、Zn^{2+}、Cd^{2+}；

③Fe^{3+}、Co^{2+}、Ni^{2+}、Mn^{2+}；

④Ba^{2+}、Bi^{3+}、Sn^{4+}、Sb^{3+}；

⑤Hg^{2+}、Cu^{2+}、Pb^{2+}、Ag^+。

（李品艾）

实验十二 醇、酚的性质

一、实验目的

（1）验证醇、酚的主要化学性质。

（2）比较醇和酚化学性质上的差别。

（3）掌握醇、酚的化学鉴别方法。

二、实验原理

醇分子中含有羟基，能与水形成氢键，低级醇能溶于水，但随着醇分子烃基的增大，醇的水溶性减小。醇羟基上的氢原子能与活泼金属反应放出氢气。醇与金属钠反应放出氢气并生成醇钠，醇钠水解生成氢氧化钠。醇能与氢卤酸反应生成卤代烃和水，反应速度取决于醇的结构和氢卤酸的类型，通常可用卢卡斯试剂鉴别含 6 个碳原子以下的醇的不同结构，叔醇与卢卡斯试剂立刻反应，使溶液浑浊，仲醇与卢卡斯试剂反应十分钟左右而变浑浊，伯醇与卢卡斯试剂数反应小时后变浑浊。伯醇和仲醇在强氧化剂的作用下分别生成醛和酮；具有邻二羟基结构特点的多元醇能与新配制的氢氧化铜反应生成深蓝色的透明溶液。

酚虽然和醇一样含有羟基，但由于苯环的影响，表现出和醇不同的性质。酚羟基具有明显的酸性，故酚类能溶于氢氧化钠；由于酚羟基对苯环的影响，使酚羟基的邻、对位易发生取代反应；酚类化合物及含有烯醇式羟基的化合物能与三氯化铁溶液反应而呈现不同的颜色；酚类化合物易被氧化为醌型化合物。

三、实验材料

仪器：试管、试管架、水浴锅、镊子、小刀、滤纸、烧杯、滴管、表面皿。

试剂：无水乙醇、正丁醇、仲丁醇、叔丁醇、甘油、苯酚、20g/L 苯酚溶液、0.2mol/L 邻苯二酚溶液、0.2mol/L 苯甲醇溶液、金属钠、酚酞试液、蓝色石蕊试纸、稀硫酸、50g/L 重铬酸钾溶液、卢卡斯试剂、100g/L 氢氧化钠溶液、50g/L 硫酸铜溶液、饱和碳酸氢钠溶液、10g/L 三氯化铁溶液、2g/L 高锰酸钾溶液。

四、实验内容

（一）醇的性质

1. 醇与金属钠的反应　取 3 支干燥的试管，编号，分别加入 1mL 蒸馏水、无水乙醇和正丁醇，再各加入一粒（绿豆大小）洁净的金属钠，观察反应速度的差异。待金属钠反应完全以后，将金属钠与乙醇反应的溶液倒一半在表面皿上，使剩余的乙醇挥发，必要时可水浴加热表面皿。乙醇挥发后残留在表面皿上的白色固体为乙醇钠。向另一半反应液滴加数滴蒸馏水，然后再滴入 1 滴酚酞试液。记录并解释发生的现象。

2. 醇的氧化反应　取试管 4 支，编号，分别加入正丁醇、仲丁醇、叔丁醇、蒸馏水各 10 滴，然后各加入 1mL 稀硫酸、10 滴 50g/L 重铬酸钾溶液，振荡，记录并解释发生的现象。

3. 醇与卢卡斯试剂的反应　取试管 3 支，分别加入正丁醇、仲丁醇、叔丁醇各 10 滴，在 50~60℃水浴中预热片刻。然后同时向 3 支试管中加入卢卡斯试剂各 1mL，振荡，静置，记录并解释发生的现象。

4. 甘油与氢氧化铜的反应　取试管 2 支，各加入 1mL 100g/L 氢氧化钠溶液和 10 滴 50g/L 硫酸铜溶液，摇匀。然后往一支试管中加入 1mL 乙醇，振荡；往另一支试管中加入 1mL 甘油，振荡，记录并解释发生的现象。

（二）酚的性质

1. 酚的弱酸性　取一条蓝色石蕊试纸，放在表面皿上，用蒸馏水润湿，在试纸上滴加一滴 20g/L 苯酚溶液，记录并解释发生的现象。另取试管 2 支，各加少许纯苯酚和 1mL 水，振荡，观察苯酚是否溶解。然后往一支试管中加入 1mL 100g/L 氢氧化钠溶液，振荡；往另一支试管中加入 1mL 饱和碳酸氢钠溶液，振荡。记录并解释发生的现象。

2. 酚与三氯化铁的显色反应　取试管 3 支，分别加入 20g/L 苯酚溶液、0.2mol/L 邻苯二酚溶液、0.2mol/L 苯甲醇溶液各 5 滴，再各加入 1 滴 10g/L $FeCl_3$ 溶液，振荡，记录并解释发生的现象。

3. 酚的氧化反应　在 1 支试管，向其中加入 1mL 20g/L 苯酚溶液，然后加入 10 滴 100g/L 氢氧化钠溶液，最后加入 5~6 滴 2g/L 高锰酸钾溶液，记录并解释发生的现象。

五、实验注意事项

酚与三氯化铁的显色反应中，三氯化铁的量不宜多加，否则三氯化铁的颜色将会掩盖反应所产生的颜色，尤其是在酚的含量较低时。

思考题

（1）为什么卢卡斯试剂可以鉴别伯醇、仲醇和叔醇？应用此方法时有什么限制？
（2）为什么苯酚能溶于氢氧化钠溶液而不能溶于碳酸氢钠溶液？

（何弘水）

实验十三　醛和酮的性质

一、实验目的

（1）验证醛和酮的主要化学性质。
（2）掌握鉴别醛和酮的方法。

二、实验原理

醛和酮在结构上都具有羰基，因而具有相似的化学性质，能发生亲核加成反应，如与 2，4-二硝基苯肼等加成；醛和酮的 α-活泼氢能被卤素原子取代，含有 3 个 α-活泼氢的醛、酮、醇都能发生碘仿反应。

由于醛在结构上与酮有差异，因而化学性质比酮活泼，易被氧化，能与托伦试剂、班氏试剂等弱氧化剂反应；醛还能与品红亚硫酸试剂（即希夫试剂）发生显色反应；丙酮在碱性条件下能与亚硝酰铁氰化钠发生显色反应。

三、实验材料

仪器：试管，试管架，250mL 烧杯，100℃温度计，恒温水浴锅，电热套。

试剂：40% 甲醛水溶液，40% 乙醛，苯甲醛，5% 丙酮，2，4 - 二硝基苯肼溶液，碘试剂，40g/L 氢氧化钠溶液，0.2mol/L 硝酸银溶液，0.5 mol/L 氨水溶液，班氏试剂，希夫试剂，20g/L 亚硝酰铁氰化钠。

四、实验内容及操作步骤

1. 与 2，4 - 二硝基苯肼的反应　取 4 支试管，分别加入 3 滴 40% 甲醛、40% 乙醛、5% 丙酮、苯甲醛，再各加入 10 滴 2，4 - 二硝基苯肼试剂，充分振荡后，静置片刻，记录并解释发生的现象。

2. 碘仿反应　取 4 支试管，分别加入 5 滴甲醛、乙醛、乙醇、丙酮，再各加入 10 滴碘试剂，然后分别滴加 40g/L 氢氧化钠溶液至碘的颜色恰好褪去。振荡，观察有无沉淀生成，若无沉淀，可在温水浴中温热数分钟，冷却后再观察。记录并解释发生的现象。

3. 银镜反应　在 1 支大试管中加入 2mL 0.2mol/L 硝酸银溶液，然后边振荡边滴加 0.5 mol/L 氨水溶液，直至生成的沉淀恰好溶解为止，即得托伦试剂，把配好的托伦试剂分装在 4 支洁净的试管中，分别加入 2 滴甲醛、乙醛、丙酮、苯甲醛，摇匀后放在 60℃左右的水浴中加热。记录并解释发生的现象。

4. 与班氏试剂反应　在 4 支试管中各加入 1 mL 班氏试剂，再分别加入 3～4 滴甲醛、乙醛、丙酮、苯甲醛，振荡，放在沸水浴中加热 10～12 分钟，记录并解释发生的现象。

5. 与希夫试剂反应　取 4 支试管，分别加入 5 滴甲醛、乙醛、乙醇、丙酮，然后各加入 10 滴希夫试剂，记录并解释发生的现象。

6. 与亚硝酰铁氰化钠反应　取 2 支试管，分别加入 10 滴乙醛和丙酮，各加入 10 滴 20g/L 亚硝酰铁氰化钠和 10 滴 40g/L 氢氧化钠溶液，摇匀，记录并解释发生的现象。

五、实验注意事项

（1）进行碘仿反应时应注意，样品不能过多，否则生成的碘仿可能会溶于醛酮中。另外，滴加氢氧化钠溶液时也不能过量，加到溶液呈淡黄色（有微量的碘存在）即可。

（2）进行银镜反应时应将试管洗涤干净，加入氨水时不宜过量，否则会影响实验效果。另外，反应时必须采用水浴加热，以防生成具有爆炸性的雷酸银而发生意外。实验完毕，立即用稀硝酸洗涤银镜。

（3）醛与希夫试剂的反应，应在冷溶液和酸性条件下进行。因为希夫试剂不能受热，溶液中不能含有碱性物质和氧化剂，否则二氧化硫会逸去而恢复品红的颜色，出现假阳性。

（4）亚硝酰铁氰化钠易分解，宜新制。

六、几种试剂的配制

1. 2，4－二硝基苯肼试剂的配制 称取 2，4－二硝基苯肼试剂 2g，溶于 15 mL 浓硫酸中，加入 150mL 无水乙醇，用蒸馏水稀释到 500 mL，混匀，必要时过滤。2，4－二硝基苯肼试剂一般贮存于棕色瓶中。

2. 碘试剂的配制 分别称取 2g 碘和 4g 碘化钾，溶于 300 mL 蒸馏水中即得。

3. 班氏试剂的配制 柠檬酸钠 20g，无水碳酸钠 11.5g，溶于 100mL 热蒸馏水中，缓慢加入 10% 硫酸铜水溶液 20mL，搅拌，必要时过滤。

4. 希夫试剂的配制 称取 0.1g 品红盐酸溶于 100mL 热水中，冷却后，加入 2g 亚硫酸氢钠和 2mL 浓盐酸，加蒸馏水稀释到 200mL，待红色褪去即可使用。若呈浅红色，可加入少量活性炭振荡并过滤。希夫试剂贮存于棕色瓶中。

思考题

（1）哪些试剂可用于醛、酮的鉴别？

（2）现有五瓶失去标签的有机化合物，它们可能是乙醇，甲醛，乙醛，苯甲醛，苯甲醇，丙酮，请设计一个实验方案，将它们的标签一一贴上。

（3）进行银镜反应时要注意哪些事项？

（何弘水）

实验十四 糖类的性质

一、实验目的

（1）掌握糖类主要化学性质及糖类化合物的鉴别方法。

（2）熟悉点滴板、试管、滴管和水浴加热基本操作方法。

（3）培养耐心细致、一丝不苟的工作态度。

二、实验原理

根据能否被托伦试剂或斐林试剂、班氏试剂等弱氧化剂所氧化，人们把糖类化合物分成还原性糖和非还原性糖两大类。所有的单糖（如葡萄糖、果糖、核糖、2－脱氧核糖等）和少数像麦芽糖、乳糖等双糖属于还原性糖；而像蔗糖和所有的多糖（淀粉、糖原、纤维素）属于非还原性糖类化合物。

还原性糖具有还原性，能被弱氧化剂所氧化（发生银镜反应、斐林反应、班氏反应）；还能发生成苷反应、成脎反应等。非还原性糖没有还原性，也不能发生成苷反应和成脎反应。

双糖和多糖在酸或酶催化条件下，均可发生水解反应；彻底水解的终产物都是单糖。

淀粉遇碘显蓝紫色，糖原遇碘显红棕色，这是两者的特性反应。

三、实验材料

仪器：试管，恒温水浴箱，点滴板，吸管，试管夹，表面皿，广泛 pH 试纸。

试剂：0.5mol/L 葡萄糖，0.5mol/L 麦芽糖，0.5mol/L 果糖，0.5mol/L 蔗糖，20g/L 淀粉，0.2mol/L $AgNO_3$，40g/L NaOH，0.5mol/L $NH_3 \cdot H_2O$，班氏试剂，碘试剂。

四、实验内容及操作步骤

（一）糖的还原性

1. 银镜反应 取 5 支试管，编号，各加入 1mL 托伦试剂[①]，再分别加入 0.5mol/L 葡萄糖、0.5mol/L 麦芽糖、0.5mol/L 果糖、0.5mol/L 蔗糖、20g/L 淀粉溶液 0.5mL，放在 60℃的热水浴中加热数分钟，观察并比较各试管结果。

2. 与班氏试剂的反应 取 5 支试管，编号，各加入 1mL 班氏试剂，分别加入 0.5mol/L 葡萄糖、0.5mol/L 麦芽糖、0.5mol/L 果糖、0.5mol/L 蔗糖、20g/L 淀粉溶液 0.5mL，摇匀，沸水浴中加热 3~5 分钟，观察并解释发生的变化。

（二）淀粉与碘的反应

取 1 支试管，加入 20g/L 淀粉溶液 1mL 和碘试液 1 滴，观察有何现象；再将此试管沸水浴中加热 3~5 分钟，观察有何现象。取出试管，放置冷却，又有何变化，为什么？

（三）蔗糖和淀粉的水解

1. 蔗糖的水解 取 1 支试管，加入 0.5mol/L 蔗糖溶液 1mL，浓盐酸 1 滴，摇匀，放在沸水浴中加热 5~10 分钟，取出冷却后滴入 40g/L NaOH 溶液至溶液呈碱性后，再加入 10 滴班氏试剂，加热，观察有何现象发生，并加以解释。

2. 淀粉的水解 取 1 支试管，加入 20g/L 淀粉溶液 3mL，浓盐酸 4 滴，振摇，置沸水浴中加热 5 分钟，每隔 1~2 分钟用洁净的滴管吸取淀粉溶液 1 滴，置点滴板的凹穴里，滴入碘试剂 1 滴并注意观察，直至用碘试液检验不再呈颜色时停止加热。取出试管，滴加 40g/L NaOH 溶液至溶液呈现碱性为止。取此溶液 2mL 于另一支试管中，加入班氏试剂 1mL，加热后观察有何现象发生，说明原因并写出有关的化学方程式。

五、实验注意事项

（1）做银镜反应的试管一定要干净，配制托伦试剂时，加氨水前需加 1 滴 40g/L NaOH 溶液，看到沉淀后，慢慢加氨水，边加边振荡，直到产生沉淀恰好溶解为止，注

---

① 托伦试剂的配制：在一支大试管中加入 2mL 0.2mol/L 硝酸银溶液，再滴加 1 滴 40g/L 氢氧化钠溶液。然后边振荡边滴加 0.5 mol/L 氨水溶液，直至生成的沉淀恰好溶解为止，即得托伦试剂。

意氨水不要过量。

（2）置点滴板的凹穴里的碘试剂一定只要 1 滴，不要多加。

思考题

（1）如何证明淀粉溶液已经完全水解？淀粉水解后要用氢氧化钠中和至碱性，再加班氏试剂，为什么？

（2）你能用哪些方法检验葡萄、苹果、蜂蜜中含有葡萄糖？

（张　瑶）

实验十五　羧酸的性质

一、实验目的

（1）掌握羧酸的鉴别方法。

（2）验证羧酸的化学性质，了解物质的性质与结构之间的关系。

二、实验原理

分子中含有羧基的化合物称为羧酸，羧酸（除甲酸外）由烃基和羧基两部分组成，羧基是羧酸的官能团，所以羧酸的化学反应主要发生在羧基上。由于 $p-\pi$ 共轭体系的形成，使羧基中羟基氧原子上的电子云向羰基转移，氧氢键极性增强，在水溶液中更易解离出 H^+ 而显酸性，能与氢氧化钠和碳酸氢钠发生成盐反应，另外还可以发生酯化反应和脱羧反应，除甲酸和草酸外，饱和羧酸一般不与氧化剂反应。

三、实验材料

仪器：试管，带支试管，玻璃棒，恒温水浴锅，酒精灯。

试剂：甲酸，乙酸，草酸，苯甲酸，10% NaOH，10% 盐酸，10% 乳酸，10% 硫酸，浓硫酸，无水乙醇，刚果红试纸，碘液，蒸馏水，石灰水，0.5% 高锰酸钾。

四、实验内容及步骤

1. 羧酸的酸性　取三支试管，分别加入 3 滴甲酸、3 滴乙酸和 0.2g 草酸，再各加入 1mL 蒸馏水摇匀。然后分别用干净的玻棒蘸取少量酸液在刚果红试纸①上划线，根

---

① 刚果红试纸：用 2g 刚果红与 1L 蒸馏水制成的溶液浸渍滤纸，取出滤纸后晾干，裁成纸条即可。它的变色范围从 pH = 5（红色）到 pH = 3（蓝色），与弱酸作用显蓝黑色，与强酸作用呈稳定的蓝色。

据各条线的颜色深浅程度，判断它们的酸性强弱。

2. 氧化反应 取 3 支试管，分别加入 0.5mL 甲酸、0.5mL 乙酸、0.2g 草酸和 1mL 水所配成的溶液，再分别加入 10 滴 10% 硫酸和 10 滴 0.5% 高锰酸钾溶液，摇匀，加热至沸，观察现象。

3. 成盐反应 取 1 支试管，加入 0.5g 苯甲酸晶体和 2mL 水，振荡并观察现象，再加入数滴 10% NaOH 溶液，振荡并观察现象，然后再加数滴 10% 的盐酸，振荡，观察有何变化，并解释原因。

4. 分解反应 取 3 支套有乳胶导管的带支试管，分别加入 1mL 甲酸、1mL 乙酸、1g 草酸，再分别加入 2mL 浓硫酸，将导管的末端分别放入 3 支盛有 3mL 石灰水的试管中，加热带支试管，观察现象并解释原因。

5. 碘仿反应 取 1 支试管，加入 1mL 10% 乳酸溶液和 1mL 碘液，然后加入 10% 的氢氧化钠溶液至碘液颜色刚好褪去，然后水浴加热，观察现象。

6. 酯化反应 取 1 支干燥的试管，加入 3 mL 无水乙醇、2 mL 乙酸和 0.5 mL 浓 H_2SO_4，摇匀后在 60～70℃ 的水浴中加热 10 分钟，冷却，向试管内加入 8mL 水，观察现象。

五、实验注意事项

（1）碘液的配制 称取 2g 碘和 5g 碘化钾，溶于 100mL 蒸馏水中即得。
（2）进行碘仿反应时，加氢氧化钠溶液不能过量，加到溶液呈淡黄色即可。

（1）酯化反应时，为什么要加入浓硫酸？
（2）怎样鉴别甲酸、乙酸和草酸？
（3）为什么甲酸能与酸性高锰酸钾反应，而乙酸不反应？

（何新蕾）

实验十六 蛋白质的性质

一、实验目的

（1）巩固对蛋白质性质的认识。
（2）会进行蛋白质的鉴别实验。

二、实验原理

蛋白质是两性化合物，由于在水中可形成水化膜并带有一定量的电荷故可成为稳定的亲水胶体颗粒，蛋白质表面所带电荷和水化膜是其稳定的两个重要因素，破坏这两个因素将导致蛋白质沉淀析出。向蛋白质溶液中加入一定量的无机盐（如硫酸铵等），蛋白质的溶解度降低并有沉淀析出，加适量水后沉淀又会溶解。通过控制无机盐的浓度，可使不同的蛋白质分段析出。

加热、加入重金属盐和乙醇等会破坏蛋白质的空间结构，使蛋白质变性，产生不可逆沉淀。

蛋白质分子中存在多个肽键，故能发生缩二脲反应；蛋白质分子还能发生茚三酮反应；蛋白质分子中存在含有苯环的氨基酸时，遇浓硝酸发生黄蛋白反应。

三、实验材料

仪器：试管、试管夹、烧杯、滴管、酒精灯。

试剂：鸡蛋白水溶液、$(NH_4)_2SO_4$ 饱和溶液、10g/L $CuSO_4$ 溶液、浓硝酸、硫酸铵结晶粉末、95% 乙醇、100g/L 氢氧化钠溶液、茚三酮试剂、10g/L Pb（Ac）$_2$ 溶液、0.2mol/L $AgNO_3$ 溶液、饱和硫酸铜溶液。

四、实验内容

（一）蛋白质的盐析

取 1 支试管，加入鸡蛋白水溶液和饱和硫酸铵溶液各 2mL，震荡后静置 5 分钟。观察是否析出蛋白沉淀，说明原因。取上述浑浊液 1mL 于另一试管中，加 2～3mL 水震荡，观察析出的蛋白沉淀是否重新溶解，解释原因。

（二）蛋白质的变性

1. 加热对蛋白质的作用　取 1 支试管，加入 2mL 鸡蛋白水溶液，加热，观察现象。把试管里的下层物质取出一些放在盛有少量蒸馏水的另一试管里，观察现象。

2. 重金属盐对蛋白质的作用　取 3 支试管编号，各加入鸡蛋白水溶液 2mL，然后分别加入 10g/L Pb（Ac）$_2$、10g/L $CuSO_4$、0.2mol/L $AgNO_3$ 各 2 滴，观察并解释现象。取少量沉淀分别放入盛有少量蒸馏水的试管里，观察沉淀是否溶解，说明原因。

3. 乙醇对蛋白质的作用　取 1 支试管，加入 2mL 蛋白质溶液，再加入 95% 乙醇 2mL，观察现象。取少量沉淀放入盛有蒸馏水的试管里，观察沉淀是否溶解，说明原因。

（三）颜色反应

1. 缩二脲反应　取 1 支试管，加入鸡蛋白水溶液 1mL 和 100g/L 氢氧化钠溶液 2mL，摇匀，再加饱和硫酸铜溶液 2 滴，边加边摇，观察现象并解释原因。

2. 茚三酮反应　取 1 支试管分别加入蛋白质溶液 1mL 和 0.1% 茚三酮水溶液 2～3 滴，混匀，在沸水浴中加热 10～15 分钟，观察颜色的变化。

3. 黄蛋白反应　取干燥洁净试管 1 支，加蛋白质溶液 1mL 和浓硝酸 5 滴，沸水浴加热，观察现象。放冷，再加 100g/L NaOH 溶液使成碱性，观察颜色变化并解释现象。

五、实验注意事项

（1）用 10 倍体积的水稀释鸡蛋清即得鸡蛋白溶液。

（2）为达到较好的盐析效果，需把蛋白质溶液的 pH 调到等电点附近。

（3）茚三酮反应很灵敏，在 pH 为 5~7 的溶液中反应最好，为蓝紫色。

（4）用某些重金属盐如硫酸铜和醋酸铅沉淀蛋白质时，不可过量，否则过多的铜离子和铅离子将被吸附在沉淀上而使沉淀溶解。

思考题

（1）在鸡蛋白的水溶液里分别加入（NH_4）$_2SO_4$ 饱和溶液和 $CuSO_4$ 溶液，都会有沉淀析出，两者有什么不同？

（2）为什么鸡蛋清可以作为铅或汞中毒的解毒剂？

（何弘水）

实验十七　淀粉酶的专一性

一、实验目的

了解淀粉酶的催化专一性，验证酶具有特异性。

二、实验原理

酶的催化作用有专一性，即一种酶只能作用于一种或一类底物，或一种化学键，生成一定的产物。根据酶对底物选择的严格程度不同，酶的专一性可分为绝对专一性、相对专一性和立体异构专一性。

本实验利用蔗糖（双糖）、淀粉（多糖）作为底物。这两种底物分子由不同的单糖单位构成，连接单糖单位的糖苷键也不同，在淀粉分子中是 $\alpha-1,4$ 和 $\alpha-1,6$ 糖苷键。这两种底物都无还原性，经加入淀粉酶后，两种底物中的任一种如果能被淀粉酶作用，糖苷键被水解，则将形成具有还原性的半缩醛羟基或具有还原性的单糖。可用班氏（Benedict）试剂进行检测。

班氏试剂是一种碱性铜试剂，与还原糖共热时，试剂中的 Cu^{2+} 被还原生成 Cu_2O，Cu_2O 的颜色视生成量多少有变化。Cu_2O 沉淀量多、颗粒大时为红棕色，量少时呈黄绿色。

三、实验试剂

（1）1% 蔗糖。

（2）1%淀粉。

（3）pH 6.8磷酸盐缓冲液　0.2mol/L磷酸氢二钠154.5g与0.1mol/L枸橼酸45.5mL混合。

（4）班氏试剂　称取枸橼酸钠173g和无水$Na_2CO_3$100g，溶于蒸馏水700mL中，加热促溶，冷却，此为A液。将结晶硫酸铜（$CuSO_4 \cdot 5H_2O$）17.3g溶于100mL热的蒸馏水中，冷却后加水至150mL，此为B液。将B液缓慢倾入A液中，边加边摇，再加蒸馏水至1000mL混匀。此试剂可长期保存。

四、实验器材

恒温水浴、沸水浴、冰水浴、试管。

五、实验操作

1. 淀粉酶液的制备　用清水漱口，去除食物残渣，用一次性设备接大概30mL蒸馏水含在口中大概2分钟，收集于纸杯中，即得唾液淀粉酶液。

2. 操作　取试管2支，编号，按表17-1操作。

表17-1　淀粉酶的催化专一性

加入物（滴）	管号	
	1	2
pH 6.8缓冲液	20	20
1%蔗糖	—	10
1%淀粉	10	—
淀粉酶液	5	5
结果记录（颜色）		

各管混匀，置37℃水浴中保温30分钟后，于各管加入班氏试剂2mL，摇匀。然后将试管置沸水浴中3分钟，观察颜色变化，记录结果于上表中，并加以合理说明。

3. 注意事项　试管要洗干净，否则会影响实验结果。

六、临床意义

酶是活细胞产生的具有生物催化功能的一类有机物。绝大多数的酶都是蛋白质，只有极少数酶是RNA。酶的重要特性之一，就是具有专一性。酶的专一性又称酶的特异性，是指酶催化生化反应时对底物的选择性，即一种酶只能催化一种或一类化合物的化学反应。例如，蛋白酶只能催化蛋白质的水解，却不能催化脂肪的分解；唾液淀粉酶只能催化淀粉的水解，却不能催化蔗糖的水解。又如，一种限制性内切酶只能识别某一特定的核苷酸序列，并在特定部位发挥作用，产生特定的粘性末端。正是由于酶的专一性，导致生物体内的酶极其复杂多样，例如水解酶类、合成酶类、氧化酶类、脱氢酶类等等。这就保证了生物体内极其复杂多样的生化反应能高效有序地进行。

七、联系专业能力

不同个体酶的专一性的差异与个性化用药关系密切。

思考题

为什么 2 号试管会出现蓝色？期间发生的化学变化是什么？

（张军要）

实验十八　尿中异常成分的定性

〔尿中酮体的定性测定（Lange 法）〕

一、实验目的

掌握尿酮体的鉴定方法及临床意义。

二、实验原理

酮体包括乙酰乙酸、β-羟丁酸和丙酮。乙酰乙酸或丙酮在碱性溶液下，与亚硝基铁氰化钠作用，生成紫红色化合物，β-羟丁酸不起反应。尿中肌酐可与本实验中试剂发生显色反应，利用乙酸可消除之。

三、实验试剂

正常尿及糖尿病酮症患者尿、冰醋酸、新鲜配制 5% 亚硝基铁氰化钠、浓氨水。

四、实验器材

试管、吸量管、滴管。

五、实验操作

取试管 2 支，编号，按表 18-1 进行操作。

表 18-1　Lange 法测定尿中酮体的操作步骤

试　剂	1 号管	2 号管
正常尿	2mL	-
糖尿病患者尿	-	2mL
冰醋酸	4 滴	4 滴
亚硝基铁氰化钠	4 滴	4 滴
	混　　　匀	
倾斜试管沿壁缓慢加浓氨水	10 滴	10 滴

尿中酮体判断标准见表18 – 2。

表18 – 2　尿中酮体判断标准

定性	相当含量（mmol/L）		
	反应情况	乙酰乙酸	丙酮
阴　性	10分钟后无紫色环	–	–
微　量	10分钟内只出现淡紫色环	0.49	3.45 ~ 6.69
+	10分钟内逐渐出现紫色环	0.98	17.24
+ +	较快出现紫色环	1.96 ~ 9.80	43.10 ~ 86.21
+ + + ~ + + + +	立即出现紫色环	9.80 ~ 29.41	137.93 ~ 689.65

六、临床意义

正常人24小时尿液中酮体含量极微，约有20 ~ 40mg。由于量少，在实验中一般不能检出。当机体在高热、糖尿病、长期饥饿、妊娠呕吐、或食用不正常膳食时，糖和脂代谢发生障碍，则脂肪酸氧化不全，血中酮体增高，尿液中酮体的排出量显著增加。

［尿糖的定性测定（班氏试剂法）］

一、实验目的

掌握尿糖的鉴定方法及临床意义。

二、实验原理

葡萄糖含有还原性的醛基（—CHO），在热碱性溶液中，能将硫酸铜还原为氧化亚铜，而出现砖红色沉淀物。反应式如下：

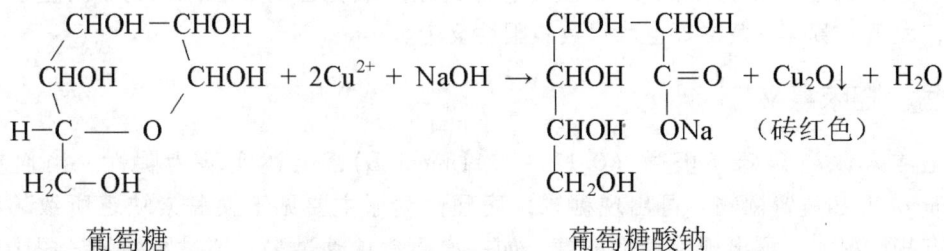

$$
\begin{array}{l}
\text{CHOH—CHOH} \\
\text{CHOH} \quad \text{CHOH} + 2Cu^{2+} + NaOH \rightarrow \\
\text{H—C——O} \\
\text{H}_2\text{C—OH}
\end{array}
\quad
\begin{array}{l}
\text{CHOH—CHOH} \\
\text{CHOH} \quad \text{C}={O} + Cu_2O\downarrow + H_2O \\
\text{CHOH} \quad \text{ONa} \quad （砖红色） \\
\text{CH}_2\text{OH}
\end{array}
$$

葡萄糖　　　　　　　　　　　　　　葡萄糖酸钠

三、实验试剂

（1）正常人尿、糖尿病患者尿。

（2）班氏试剂　分别溶解硫酸铜（$CuSO_4 \cdot 5H_2O$）10g、枸橼酸钠42.5g和无水碳酸钠25g于适量蒸馏水中，毋需加温助溶。把碳酸钠液加入到枸橼酸钠液中，混合后再加硫酸铜液，以蒸馏水加至1000mL，每次配好后应作预试验，即取试剂1mL煮沸1分钟应不变色；加入0.5g/dL葡萄糖2滴，应呈阳性反应。

四、实验器材

试管、滴管、酒精灯或电炉。

五、实验操作

取试管 2 支，各加入班氏试剂 2mL，加热煮沸，若不变色，则分别加入正常人尿和糖尿病患者尿（各约 0.1mL）再煮沸 1 ~ 2 分钟，冷却后观察结果。

按以下方法判断结果：

阴性：试剂不变色，如有较高的磷酸盐可呈蓝色浑浊。

微量（±）：冷却后呈绿色，但无沉淀（含糖量 <5.5mmol/L）。

＋：呈黄绿色浑浊，管底有少量黄色沉淀（含糖量 5.5 ~ 27.8mmol/L）。

＋＋：煮沸 1 分钟呈黄绿色浑浊反应（含糖量 27.8 ~ 55.0mmol/L）。

＋＋＋：煮沸 15 分钟呈土黄色沉淀（含糖量 55.01 ~ 111.1mmol/L）。

＋＋＋＋：煮沸时呈大量砖红色浑浊并迅速沉淀，上清液无色（含糖量 > 111.1mmol/L）。

六、注意事项

（1）在酒精灯上加热煮沸，时间不得少于 1 分钟。

（2）应在煮沸后自然冷却，不应用冷水使其变凉。

（3）尿酸盐有极微弱的还原作用，含量大时，应把尿液置于冰箱中待盐类下沉后取上清液再做。

（4）应及时判断结果，当一个 “＋” 时若放 4 小时后，可慢慢被氧化而褪色。

（5）如尿液中含大量铵盐时，可妨碍 Cu_2O 沉淀发生，应预先加过量的碱并煮沸数分钟，以逸出其中的氨。

（6）链霉素、维生素 C、水合氯醛、葡萄糖醛酸化合物等还原性药物可呈假阳性反应，大黄、黄连、黄芩等也可以致假阳性反应。

七、临床意义

正常人尿内含糖量极微（0.11 ~ 1.11mmol/L），上述实验为阴性。当血糖 > 8.88mmol/L 超过肾糖阈，可出现糖尿，病理性糖尿主要见于胰岛素缺乏所致的糖尿病。有些情况下，可出现生理性尿糖，如一次摄食单糖过多，超过肾糖阈，尿中暂时出现糖为饮食性糖尿；精神激动后，暂时出现糖尿为精神性糖尿；血糖在正常范围内，而由于肾糖阈降低所致糖尿为肾性糖尿，见于妊娠等。

［尿蛋白定性（磺基水杨酸法）］

一、实验原理

磺基水杨酸是一种生物碱试剂，在酸性环境下，可与蛋白质的氨基结合，生成不溶于水的盐类。

二、实验试剂

（1）正常尿及肾炎患者尿。

（2）20%磺基水杨酸　取磺基水杨酸20g，加水至100mL，取此液与等量95%乙醇或甲醇液混合。

三、实验器材

试管、滴管、吸量管。

四、实验操作

取试管2支，按表18-3操作。

表18-3　磺基水杨酸法测定尿中蛋白操作步骤

试　剂	1号管	2号管
正常尿	3mL	—
肾炎患者尿	—	3mL
磺基水杨酸	10滴	10滴

按以下方法判断结果：

阴性：不显浑浊，尿液外观仍清晰透明。

微量（±）：轻微浑浊，隐约可见。

阳性（+）：明显白色浑浊，但无颗粒出现。

（++）：稀薄乳样浑浊出现颗粒。

（+++）：乳浊，有絮片状沉淀。

（++++）：絮状浑浊，有大凝块下沉。

五、注意事项

（1）磺基水杨酸法较敏感。

（2）如尿液混浊，应先离心或过滤；强碱性尿可出现假阴性，应加稀乙酸液数滴酸化后再作实验。

（3）有机碘造影剂、超大剂量使用青霉素等均可致假阳性。

（4）尿中含高浓度尿酸盐时，可呈假阳性。但出现的反应与尿蛋白不同，加试剂1~2分钟后现白色点状物，向周围呈毛刺状突起，并慢慢形成雾状。

六、临床意义

临床上尿蛋白定性最常用的方法即磺基水杨酸法，此法极为灵敏，尿中含有0.0015%蛋白质时即可检出。正常人尿内几乎不含蛋白质，除高蛋白饮食、妊娠、剧烈运动等生理性蛋白尿外，最主要的病理性原因是肾的实质性改变引起的蛋白尿，如肾炎、肾结核、肾盂肾炎等。也可见于重症贫血、高热、尿道炎、肝炎、甲亢等。

[附注] 正常人尿液成分。

正常人尿液成分主要为蛋白质、糖、脂肪、无机盐及其他物质的代谢产物。在普通膳食情况下，正常成人的尿液成分如表 18 - 4。

表 18 - 4 正常成人的尿液成分

成 分	24 小时排出量	成 分	24 小时排出量
尿量	1000 ~ 1800mL	肌酐	1.0 ~ 1.5g
总固体	55 ~ 72g	葡萄糖	0.5g
比重	1.0101 ~ 1.025	蛋白质	307 ~ 0mg
pH	4.8 ~ 7.4（平均6.0）	酮体	20 ~ 50mg
总氮	12g	钾	2 ~ 4g
尿素氮	9.5g	钠	3 ~ 6g
氨氮	0.5g	氯	6 ~ 9g
氨基酸氮	0.6g	钙	0.1 ~ 0.3g
肌酐氮	0.6g	镁	0.05 ~ 0.2g
尿素	203 ~ 5g	铁	1 ~ 10mg
尿酸	0.1 ~ 2.0g	硝酸盐	0.5g
氨	0.5 ~ 1.0g	磷酸盐	1 ~ 5g

（李先佳）

第三章　滴定分析实验

实验十九　药用 NaOH 的含量测定（双指示剂法）

一、实验目的

（1）掌握双指示剂法测定 NaOH 和 Na_2CO_3 混合物中个别组分含量的原理和方法。

（2）练习移液管和容量瓶的使用。

（3）熟练掌握酸式滴定管的滴定操作和滴定终点的判定方法。

（4）练习减量法称取固体物质的操作。

二、实验原理

NaOH 易吸收空气中的 CO_2 使一部分 NaOH 变成 Na_2CO_3，即形成 NaOH 和 Na_2CO_3 的混合物。要测定同一试样中各组分的含量，可用 HCl 标准溶液滴定，根据滴定过程中 pH 变化的情况来求得各组分的含量，pH 变化的情况可根据指示剂的变化来判断。如果选酚酞做指示剂，反应达到终点时，溶液中剩余 $NaHCO_3$，而且只有一个体积数 V_1，不能求出 NaOH 的含量，这时应选择第二种指示剂，继续用盐酸滴定直到终点，终点时生成的物质是 NaCl、H_2O、CO_2，选择甲基橙为指示剂。甲基橙的变色范围是 $3.1 \sim 4.4$，而 HCl 滴定 $NaHCO_3$ 的化学计量点为 $3.8 \sim 3.9$。选用两种不同的指示剂分别指示第一、第二化学计量点的到达，常称为"双指示剂法"，此法简便快速。

发生反应为：

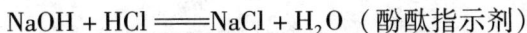

$$NaOH + HCl =\!=\!=\!= NaCl + H_2O \text{（酚酞指示剂）}$$

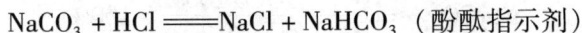

$$NaCO_3 + HCl =\!=\!=\!= NaCl + NaHCO_3 \text{（酚酞指示剂）}$$

共消耗盐酸体积 $V_{HCl} = V_1$（mL）

$$NaHCO_3 + HCl =\!=\!=\!= NaCl + H_2O + CO_2 \uparrow \text{（甲基橙指示剂）}$$

共消耗盐酸体积 $V_{HCl} = V_2$（mL）

首先在溶液中加入酚酞指示剂，此时溶液呈红色，用 HCl 标准溶液滴定，滴定终点由红色变为无色，则试液中 NaOH 全部被 HCl 中和，而 Na_2CO_3 只被中和了一半，生成 $NaHCO_3$，这时消耗 HCl 体积为 V_1（mL），在此溶液中再加入甲基橙指示剂，继续滴定至黄色变橙色，此时消耗的 HCl 体积为 V_2（mL），$NaHCO_3$ 进一步被中和为 CO_2，中和 Na_2CO_3 所需的盐酸是由两次滴定加入的，两次用量应相等，则 Na_2CO_3 消耗的体积

为 $2V_2$，从而可以求出 Na_2CO_3 的含量，而中和 NaOH 所消耗的 HCl 量为 $V_1 - V_2$，就可以求出 NaOH 的含量，总碱量所消耗的 HCl 体积为 $V_1 + V_2$，以 NaOH 含量表示总碱量。

三、实验材料

仪器：酸式滴定管，锥形瓶，烧杯，容量瓶。

试剂：0.1mol/L HCl 液，酚酞指示剂，甲基橙指示剂，药用氢氧化钠。

四、实验内容及操作步骤

1. 配液 利用减量法在分析天平上迅速准确地称量药用 NaOH 约 0.35g，加少量纯化水溶解后，定量转移至 100mL 容量瓶中，加水稀释至刻度，摇匀。

2. 滴定 用移液管准确移取 25.00mL 样品溶液于 250mL 锥形瓶中，加 25mL 纯化水及 2 滴酚酞指示剂，以 0.1mol/L HCl 溶液滴至酚酞的红色消失为止（滴定终点不易判断，要仔细观察），记下所用 HCl 溶液体积（V_1）。再加入 2 滴甲基橙指示剂，继续用 0.1mol/L HCl 溶液滴定，由于样品中所含 Na_2CO_3 较少，所需盐酸量少，滴定时要小心，直到颜色由黄色变为橙色，快到终点时要充分摇动，防止形成 CO_2 的过饱和溶液，使终点提前，记下所用 HCl 液体积（V_2）。平行测定三次。

3. 数据处理

（1）根据前后消耗 HCl 溶液（0.1mol/L）的体积，计算样品中的总碱量（以 NaOH 计算）。

$$总碱量\% = \frac{c_{HCl} \times (V_1 + V_2) \times \frac{M_{NaOH}}{1000}}{m_s \times \frac{25}{100}} \times 100\%$$

式中，

c_{HCl}——HCl 溶液的准确浓度；

M_{NaOH}——NaOH 的摩尔质量；

m_s——样品总质量。

（2）根据加甲基橙指示剂后消耗 HCl 液（0.1mol/L）的毫升数，计算样品中 Na_2CO_3 的百分含量。

$$Na_2CO_3\% = \frac{c_{HCl} \times 2V_2 \times \frac{M_{Na_2CO_3}}{2000}}{m_s \times \frac{25}{100}} \times 100\%$$

式中，

c_{HCl}——HCl 溶液的准确浓度；

$M_{Na_2CO_3}$——Na_2CO_3 的摩尔质量；

m_s——样品总质量。

（3）计算相对平均偏差。

药用 NaOH 的含量测定记录

药用 NaOH 的质量（g）			
测定份数	1	2	3
待测 NaOH 溶液的体积（mL）			
消耗 HCl 滴定液的体积（mL）			
总碱量（%）			
总碱量平均值（%）			
Na$_2$CO$_3$ 含量（%）			
Na$_2$CO$_3$ 含量的平均值（%）			
绝对偏差			
平均偏差			
相对平均偏差			

五、实验注意事项

（1）样品溶液含有大量 OH$^-$，滴定前不应久置空气中，否则容易吸收 CO$_2$ 使 NaOH 的量减少，而 Na$_2$CO$_3$ 的量增多。

（2）本实验以酚酞为指示剂时，终点颜色为红色褪去，不易判断，要细心观察。

（3）近终点时，要充分旋摇，以防止形成 CO$_2$ 的过饱和溶液使终点提前。

思考题

（1）吸取样品溶液及配制样品溶液时，移液管和容量瓶是否要烘干？为什么？

（2）测定混合碱时，若消耗 HCl 滴定液的体积为 $V_1 < V_2$，则试样的组成又是什么？

（3）根据操作步骤，称取样品约 0.35g 是怎样确定的？

（王　烨）

实验二十　EDTA 滴定液的配制与标定

一、实验目的

（1）掌握 EDTA 标准溶液的配制与标定方法。

（2）学习配位滴定酸度的控制及消除干扰离子的方法。

（3）练习配位滴定，掌握金属指示剂的变色观察，正确控制终点。

二、实验原理

EDTA 是乙二胺四乙酸，由于它的溶解度小，通常用其二钠盐（$Na_2H_2Y \cdot 2H_2O$）配制标准溶液。乙二胺四乙酸二钠亦简称 EDTA，为白色结晶粉末，室温下其溶解度为 11.1g/L（约 0.3mol/L）。尽管 EDTA 可制得纯品，但 EDTA 具有与金属离子配位反应普遍性的特点，水和试剂中的微量金属离子或者器壁上溶出的金属离子都会与 EDTA 反应，故通常仍用间接法配制标准溶液。2005 年版药典规定用分析纯 $Na_2H_2Y \cdot 2H_2O$ 先配制近似所需浓度的溶液，再用 ZnO 为基准物质标定其浓度。本实验用 NH_3-NH_4Cl 缓冲溶液控制 pH≈10 的酸度条件下进行标定，指示剂为铬黑 T（EBT），溶液由酒红色变为蓝色即为终点，其反应可表达为：

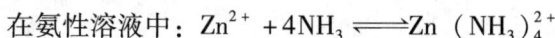

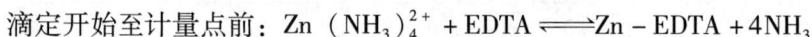

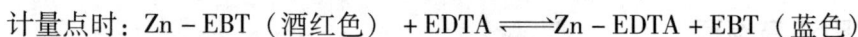

在氨性溶液中：$Zn^{2+} + 4NH_3 \rightleftharpoons Zn (NH_3)_4^{2+}$

加入 EBT 时：$Zn (NH_3)_4^{2+} + EBT$（蓝色）$\rightleftharpoons Zn - EBT$（酒红色）$+ 4NH_3$

滴定开始至计量点前：$Zn (NH_3)_4^{2+} + EDTA \rightleftharpoons Zn - EDTA + 4NH_3$

计量点时：$Zn - EBT$（酒红色）$+ EDTA \rightleftharpoons Zn - EDTA + EBT$（蓝色）

注意，上述各配合物的条件稳定常数大小顺序为：$K'_{ZnY} > K'_{ZnEBT} > K'_{Zn(NH_3)_4^{2+}}$

金属指示剂往往是有机多元弱酸或弱碱，兼具 pH 指示剂之功能，因此，使用时必须注意选择合适的 pH 范围。

金属离子 M 与 EDTA 的反应系数比一般都为 1:1，其计量、计算关系较为简单，依据 EDTA 的物质的量等于基准物质的量即可求得。

三、实验材料

仪器：马弗炉，坩埚，干燥器，酸式滴定管（50mL），分析天平，称量瓶，台秤，烧杯，玻璃棒，量筒（10mL、100mL），锥形瓶（250mL），试剂瓶（500mL），标签。

试剂：EDTA – 2Na（A. R），ZnO（基准工作试剂），20% HCl 溶液，10% $NH_3 \cdot H_2O$ 试液，NH_3 – NH_4Cl 缓冲溶液（pH≈10），铬黑 T 指示剂，0.025% 甲基红乙醇溶液。

四、实验内容及操作步骤

1. 0.05mol/L 乙二胺四乙酸二钠（EDTA）标准滴定溶液的配制 用台秤称取 9.5g EDTA，置 500mL 烧杯中，加 300mL 纯化水，加热搅拌使之溶解，冷却至室温，稀释至 500mL，摇匀，移入硬质玻璃瓶或聚乙烯塑料瓶中，贴好标签待标定。

2. 乙二胺四乙酸二钠标准滴定溶液 [c（EDTA）= 0.05 mol/L] 的标定 在分析天平上，用减重称量法准确称取于 800℃ ±50℃ 的高温炉中灼烧至恒重的工作基准试剂氧化锌约 0.12 g 三份，置于三个锥形瓶中，用少量水湿润，加 20% HCl 溶液使其溶解，加纯化水 25mL 和甲基红指示剂 1 滴，滴加氨水溶液（10%）至溶液呈微黄色。再加纯化水 25mL，加 10mL NH_3 – NH_4Cl 缓冲溶液（pH≈10）及铬黑 T 指示剂少许，用配制好的 EDTA 溶液滴定至溶液由酒红色变为纯蓝色，即为终点，记录所消耗 EDTA 滴定液的体积。平行测定 3 次。

3. 熟练计算 EDTA 滴定液的准确浓度和实验的相对平均偏差 乙二胺四乙酸二钠

标准滴定溶液的浓度 [c（EDTA）]，数值以摩尔每升（mol/L）表示，按下式计算 c（EDTA）：

$$c（EDTA）=\frac{m_{ZnO} \times 1000}{V_{EDTA} \times M_{ZnO}}$$

式中，

m——氧化锌的准确质量，单位为 g；

V_{EDTA}——EDTA 溶液的体积，单位为 mL；

M_{ZnO}——氧化锌的摩尔质量，单位为 g/mol，[M（ZnO）=81.39]。

EDTA 滴定液的标定实践记录

滴定份数	1	2	3
（ZnO + 称量瓶）初重（g）			
（ZnO + 称量瓶）末重（g）			
ZnO 质量 m（g）			
EDTA 初读数（mL）			
EDTA 终读数（mL）			
EDTA 滴定液的体积 V_{EDTA}（mL）			
EDTA 滴定液的浓度 c_{EDTA}（mol/L）			
平均浓度（mol/L）			
绝对偏差			
平均偏差			
相对平均偏差			

五、实验注意事项

（1）纯化水的质量是否符合要求，是配位滴定应用中十分重要的问题：①若配制溶液的水中含有 Al^{3+}、Cu^{2+} 等，就会使指示剂受到封闭，致使终点难以判断。②若水中含有 Ca^{2+}、Mg^{2+}、Pb^{2+}、Sn^{2+} 等，则会消耗 EDTA，在不同的情况下会对结果产生不同的影响。因此，在配位滴定中，必须对所用的纯化水的质量进行检查。为保证质量，经常采用二次蒸馏水或去离子水来配制溶液。

（2）EDTA 溶液应当贮存在聚乙烯塑料瓶或硬质玻璃瓶中。若贮存于软质玻璃瓶中，会不断溶解玻璃中的 Ca^{2+} 形成 CaY^{2-}，使 EDTA 的浓度不断降低。

（3）铬黑 T 指示剂配制好后应置于干燥器内保存，注意防潮。

（4）甲基红乙醇溶液只需加 1 滴，如多加，在滴加氨试液后溶液呈较深的黄色，影响后续滴定终点判断。

思考题

（1）EDTA 配位滴定中为什么要使用缓冲溶液？多加缓冲溶液对测定有影响吗？

（2）如何衡量蒸馏水是否符合配位滴定的要求？

（3）在配位滴定中，指示剂应具备什么条件？

（4）怎样用氨水溶液（10%）调节溶液 pH 至 7 ~ 8？

（5）为什么 EDTA 溶液最好贮存于塑料试剂瓶中？

（王 烨）

实验二十一 高锰酸钾标准溶液的配制和标定

一、实验目的

（1）掌握高锰酸钾标准溶液的配制方法和保存条件。

（2）掌握用草酸钠基准试剂标定高锰酸钾浓度的原理和方法。

（3）学会使用自身指示剂指示终点的方法。

二、实验原理

$KMnO_4$ 是氧化还原滴定中最常用的氧化剂之一。高锰酸钾滴定法通常在酸性溶液中进行，反应时锰的氧化数由 +7 变到 +2。市售的 $KMnO_4$ 常含杂质，而且 $KMnO_4$ 易与水中微量还原性物质发生反应生成 MnO_2 沉淀，光线和 $MnO(OH)_2$ 等都能促进 $KMnO_4$ 的分解，因此配制 $KMnO_4$ 溶液时要保持微沸 1 小时或在暗处放置数天，待 $KMnO_4$ 把还原性杂质充分氧化后，过滤除去杂质，保存于棕色瓶中，标定其准确浓度。

$Na_2C_2O_4$ 是标定 $KMnO_4$ 常用的基准物质，其反应如下：

$$5C_2O_4^{2-} + 2MnO_4^- + 16H^+ \Longrightarrow 10CO_2 + 2Mn^{2+} + 8H_2O \tag{1}$$

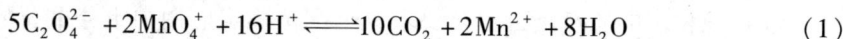

反应要在酸性、较高温度和有 Mn^{2+} 作催化剂的条件下进行。滴定初期，反应很慢，$KMnO_4$ 溶液必须逐滴加入，如滴加过快，部分 $KMnO_4$ 在热溶液中将按下式分解而造成误差：

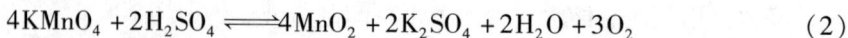

$$4KMnO_4 + 2H_2SO_4 \Longrightarrow 4MnO_2 + 2K_2SO_4 + 2H_2O + 3O_2 \tag{2}$$

但在滴定过程中逐渐生成的 Mn^{2+} 对该反应有催化作用，结果使反应速率逐渐加快。

因为 $KMnO_4$ 溶液本身具有特殊的紫红色，因此可作自身指示剂使用。终点前由于被还原成 Mn^{2+}，溶液呈无色；终点时稍过量的 $KMnO_4$ 使溶液呈浅红色，指示终点到达。

三、实验材料

仪器：酸式滴定管，500mL 棕色试剂瓶，50mL 量筒，10mL 量筒，25mL 移液管，1mL 吸量管，250mL 锥形瓶，250mL 容量瓶，电子天平，台秤，水浴锅，电炉，玻璃砂芯漏斗。

试剂：高锰酸钾（A. R），草酸钠（基准试剂），3mol/L 硫酸溶液，1mol/L $MnSO_4$。

四、实验内容及操作步骤

1. 0.02 mol/L $KMnO_4$ 溶液的配制　在台秤上称取高锰酸钾约 1.4g 于烧杯中，加入适量纯化水煮沸加热溶解后倒入洁净的 500mL 棕色试剂瓶中，用水稀释至约 500 mL，摇匀，塞好，静止 7～14 天后将上层清液用玻璃砂芯漏斗过滤，残余溶液和沉淀倒掉，把试剂瓶洗净，将滤液倒回试剂瓶，摇匀，待标定。

如果将称取的高锰酸钾溶于大烧杯中，加 500mL 水，盖上表面皿，加热至沸，保持微沸状态 1 小时，则不必长期放置，冷却后用玻璃砂芯漏斗过滤除去二氧化锰的杂质后，将溶液储于 500mL 棕色试剂瓶可直接用于标定。

2. $KMnO_4$ 浓度的标定　精确称取 0.15～0.20g 预先干燥过的 $Na_2C_2O_4$ 三份，分别置于 250 mL 锥形瓶中，各加入 100mL 新煮沸并放冷的纯化水和 10 mL 3mol/L H_2SO_4 使其溶解，水浴慢慢加热直到锥形瓶口有蒸气冒出（约 75～85℃）。趁热用待标定的 $KMnO_4$ 溶液进行滴定。开始滴定时，速度宜慢，在第 1 滴 $KMnO_4$ 溶液滴入后，不断摇动溶液，当紫红色褪去后再滴入第 2 滴。待溶液中有 Mn^{2+} 产生后，反应速率加快，滴定速度可适当加快，但也决不可使 $KMnO_4$ 溶液连续流下（为了使反应加快，可以先在高锰酸钾溶液中加 1～2 滴 1mol/L $MnSO_4$）。近终点时，应减慢滴定速度同时充分摇匀。最后滴加半滴 $KMnO_4$ 溶液，在摇匀后 30 秒内仍保持微红色不褪，表明已达到终点。记录所消耗 $KMnO_4$ 溶液的体积。

3. 数据记录与处理　根据消耗的待标定的 $KMnO_4$ 溶液的体积，用下式计算其浓度，并计算相对平均偏差。

$$c_{KMnO_4} = \frac{m_{Na_2CO_3}}{\frac{5}{2}V_{KMnO_4} M_{Na_2CO_3}}$$

$KMnO_4$ 高锰酸钾滴定液的配制与标定记录

滴定份数	1	2	3
（$Na_2C_2O_4$ + 称量瓶）初重（g）			
（$Na_2C_2O_4$ + 称量瓶）末重（g）			
$Na_2C_2O_4$ 质量 m（g）			
$KMnO_4$ 初读数（mL）			
$KMnO_4$ 终读数（mL）			
$KMnO_4$ 滴定液的体积 V_{KMnO_4}（mL）			
$KMnO_4$ 滴定液的浓度（mol/L）			
$KMnO_4$ 平均浓度（mol/L）			
绝对偏差			
平均偏差			
相对平均偏差			

五、实验注意事项

（1）在室温条件下，$KMnO_4$ 与 $C_2O_4^-$ 之间的反应速度缓慢，故加热提高反应速度。但温度又不能太高，如温度超过85℃则有部分 $H_2C_2O_4$ 分解，反应式如下：

$$H_2C_2O_4 \Longrightarrow CO_2\uparrow + CO\uparrow + H_2O$$

（2）草酸钠溶液的酸度在开始滴定时，约为1mol/L，滴定终了时，约为0.5mol/L，这样能促使反应正常进行，并且防止 MnO_2 的形成。滴定过程如果发生棕色浑浊 MnO_2，应立即加入 H_2SO_4 补救，使棕色浑浊消失。

（3）当反应生成能使反应加速进行的 Mn^{2+} 后，可以适当加快滴定速度，但如果滴定速度过快，部分 $KMnO_4$ 将来不及与 $Na_2C_2O_4$ 反应造成误差，它们会按下式分解：

$$4MnO_4^- + 4H^+ \Longrightarrow 4MnO_2 + 3O_2\uparrow + 2H_2O$$

（1）配制 $KMnO_4$ 标准溶液为什么要煮沸，并放置一周后过滤？能否用滤纸过滤？

（2）滴定 $KMnO_4$ 标准溶液时，为什么第一滴 $KMnO_4$ 溶液加入后红色褪去很慢，以后褪色较快？

（3）用 $Na_2C_2O_4$ 标定 $KMnO_4$ 溶液浓度时，能否用 HCl 或 HNO_3 酸化溶液？

（王　烨）

实验二十二　维生素 C 的含量测定（直接碘量法）

一、实验目的

（1）掌握直接碘量法中淀粉指示剂的正确使用方法，并能正确判断终点。
（2）熟悉直接碘量法的操作步骤。
（3）了解维生素 C 的测定原理及条件。

二、实验原理

碘量法（iodimetry）是常用的氧化还原滴定法之一。它是用 I_2 作氧化剂或用 I^- 作还原剂的滴定方法。其半电池反应式为：

$$I_2 + 2e \Longrightarrow 2I^- \qquad \varphi^{\theta}_{I_2/I^-} = +0.5345V$$

由可知，I_2 是一较弱的氧化剂，能与较强的还原剂（如 $K_2Cr_2O_7$、$KMnO_4$ 等）定量氧化。因此，可以用 I_2 作氧化剂，直接滴定还原性较强的物质，这种方法称为直接碘量法，又称为碘滴定法。凡是电极电位比低的强还原性物质，可用碘滴定液直接滴定。直接碘量法应在酸性、中性或弱碱性溶液中进行。如果 pH >9 就会发生下列副反应：

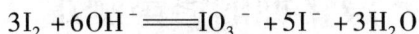

$$3I_2 + 6OH^- \Longrightarrow IO_3^- + 5I^- + 3H_2O$$

这样会给测定带来误差。在酸性溶液中，也只有少数还原能力强、不受 H^+ 离子浓度影响的物质才能发生定量反应。所以，直接碘量法的应用受到一定的限制。

三、实验材料

仪器：50mL 酸式滴定管，250mL 锥形瓶（3 个），100mL 量筒，托盘天平。

试剂：维生素 C（固体），HAc 溶液（2mol/L），I_2 标准溶液（0.05mol/L），淀粉指示剂（0.5%）。

四、实验内容及操作步骤

准确称取维生素 C 样品约 0.2g 于锥形瓶中，加 2mol/L 的 HAc 溶液 10mL，加新鲜纯化水 100mL，待样品溶解完后，加入 1mL 淀粉指示剂，用碘标准溶液滴定至溶液由无色变为浅蓝色（30 秒内不褪色）即为终点。重复测定 3 份。按下式计算维生素 C 的含量：

$$\omega_{Vc} = \frac{c_{I_2} \cdot V_{I_2} \cdot M_{C_6H_8O_6} \times 10^{-3}}{m_s} \times 100\%$$

式中：ω_{Vc}——维生素 C 的体积含量；

$\quad\quad c_{I_2}$—— I_2 标准溶液的浓度；

$\quad\quad V_{I_2}$——消耗 I_2 标准溶液的体积；

$\quad\quad M_{C_6H_8O_6}$——维生素 C（$C_6H_8O_6$）的相对分子质量；

$\quad\quad m_s$——称取维生素 C 的质量。

五、实验注意事项

（1）维生素 C 还原性很强，在空气中很容易被氧化，在碱性介质中更甚，因此在测定时，要加 HAc 使溶液呈弱酸性。

（2）滴定终点的判断要准确。

思考题

（1）为什么要在 HAc 酸性条件下测定维生素 C 样品？

（2）为什么在滴定前才能加入 HAc 和纯化水？

（3）淀粉指示剂应在什么时候加入？终点应如何判断？

（4）溶解样品时为什么要用新鲜的纯化水？

（杜兵兵）

实验二十三　溴化钾的含量测定（返滴定法）

一、实验目的

（1）熟练掌握返滴定法的基本操作。

（2）学会 KSCN 滴定液的配制与标定方法。

（3）熟悉铁铵矾指示剂法测定 KBr 含量的方法。

二、实验原理

测定溴化钾的含量可用铁铵矾指示剂的返滴定法，实验中首先在溴化钾试液中加入准确过量 $AgNO_3$ 滴定液，待试液中的 KBr 沉淀完全后，再加入铁铵矾指示剂，用 NH_4SCN 或 KSCN 滴定液滴定剩余的 $AgNO_3$ 至溶液呈现淡棕红色，表示到达滴定终点。反应式如下：

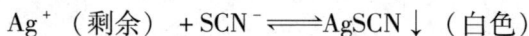

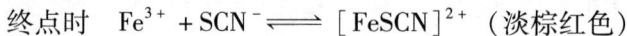

终点前　Ag^+（过量）$+ Br^- \rightleftharpoons AgBr\downarrow$（淡黄色）

Ag^+（剩余）$+ SCN^- \rightleftharpoons AgSCN\downarrow$（白色）

终点时　$Fe^{3+} + SCN^- \rightleftharpoons [FeSCN]^{2+}$（淡棕红色）

计算公式为：$c_{NH_4SCN} = \dfrac{c_{AgNO_3}V_{AgNO_3}}{V_{NH_4SCN}}$

$$\omega_{KBr} = \frac{(c_{AgNO_3}V_{AgNO_3} - c_{NH_4SCN}V_{NH_4SCN})M_{KBr} \times 10^{-3}}{m_s w} \times 100\%$$

式中：

c_{AgNO_3}——硝酸银的物质的量浓度；

c_{NH_4SCN}——硫氰酸铵的物质的量浓度；

V_{AgNO_3}——硝酸银的体积；

V_{NH_4SCN}——硫氰酸铵的体积；

m_s——样品的总质量；

ω_{KBr}——溴化钾的质量百分数。

三、实验材料

仪器：托盘天平，分析天平（或电子天平），称量瓶，滴定管（50mL），移液管（25mL），洗耳球，锥形瓶（250mL），烧杯（250mL），试剂瓶（500mL），量杯（500mL），量筒（10mL），烧杯（100mL）。

试剂：NH_4SCN（A. R），$AgNO_3$（0.1mol/L），KBr（试样），铁铵矾指示剂，稀 HNO_3（1:1）。

四、实验内容及操作步骤

1. 配制 NH₄SCN 滴定液　在托盘天平上称取 4.2g 分析纯 NH_4SCN，置于 100mL 烧杯中加纯化水溶解后定量转移到 500mL 量杯中，用纯化水稀释至 500mL，搅拌均匀，转移到 500mL 试剂瓶中待标定。

2. 标定 NH₄SCN 滴定液　用移液管精密吸取 $AgNO_3$ 滴定液（0.1mol/L）25.00mL 放于 250mL 锥形瓶中，加纯化水 50mL，2mL 稀 HNO_3，铁铵矾指示剂 2mL，用待标定的 NH_4SCN 滴定液滴定至溶液显淡棕红色，经振摇后仍不褪色即为终点。平行滴定 3 次，计算 NH_4SCN 溶液的浓度。

3. 测定试样中 KBr 的含量　精密称取 KBr 试样 0.2g（0.18～0.22g）3 份，分别置于锥形瓶中，各加纯化水 50mL 溶解后，再加入 2mL 稀 HNO_3，$AgNO_3$ 滴定液（0.1mol/L）25.00mL，充分振摇使沉淀完全后，加入铁铵矾指示剂 2mL，用 NH_4SCN 滴定液（0.1mol/L）滴定剩余的 $AgNO_3$ 至溶液为淡棕红色，经振摇后仍不褪色即为终点。平行操作 3 次，计算 KBr 的含量百分比（$M_{KBr} = 119.00g/mol$）。

五、实验注意事项

（1）滴加 NH_4SCN 滴定液前，首先加入准确过量的 $AgNO_3$ 滴定液，并且充分振摇使样品中的溴化钾反应完全。

（2）滴定应在酸性（HNO_3）溶液中进行，因为酸性溶液既可防止 Fe^{3+} 水解，又可排除与 Ag^+ 反应的干扰离子（如 CO_3^{2-}，$C_2O_4^{2-}$，PO_4^{3-}，S^{2-}，CrO_4^{2-} 等）。从而提高了反应的选择性。

（3）在滴定过程中应充分振摇，使被沉淀吸附的 Ag^+ 释放出来，以防止终点提前，产生误差。

思考题

（1）配制硫氰酸胺滴定液能否采用直接配制法？为什么？

（2）测定 KBr 的含量时若采用吸附指示剂法则应选择哪种指示剂指示终点？

（3）用铁铵矾指示剂法滴定为什么要在稀 HNO_3 溶液中进行？

（王晓宁）

实验二十四　双氧水的含量测定

一、实验目的

（1）掌握用 $Na_2C_2O_4$ 作基准物质标定高锰酸钾溶液浓度的原理和方法。

（2）熟悉高锰酸钾溶液的配制方法。

（3）学会用高锰酸钾测定双氧水中的 H_2O_2 的质量分数。

二、实验原理

商品双氧水中 H_2O_2 的含量，可用高锰酸钾法测定。在酸性溶液中 H_2O_2 还原 MnO_4^-：

$$2MnO_4^- + 5H_2O_2 + 6H^+ === 2Mn^{2+} + 5O_2\uparrow + 8H_2O$$

利用此反应可测定 H_2O_2 的含量。滴定时加入 $KMnO_4$ 的速度不能太快，否则易产生 MnO_2 沉淀，MnO_2 又可促进 H_2O_2 的分解，增加测定误差。滴入第一滴 $KMnO_4$ 溶液时不易褪色，待 Mn^{2+} 生成后，由于 Mn^{2+} 的催化作用，加快了反应速度，测定速度也随之加快，一直滴定到呈现稳定的微红色，即为终点。

三、实验材料

仪器：托盘天平，锥形瓶，烧杯（250mL），量筒（100mL），酸式滴定管（50mL），容量瓶（250mL），移液管（25mL），吸量管（5mL），表面皿，漏斗，棕色试剂瓶，酒精灯。

试剂：$KMnO_4$ 固体，$Na_2C_2O_4$ 固体，H_2O_2 商品液，3mol/L H_2SO_4 溶液。

四、实验内容及操作步骤

1. $KMnO_4$ 溶液的配制　在台天平上称取约 0.8g $KMnO_4$ 固体于 250mL 烧杯中，加 250mL 水使之溶解，盖上表面皿，在酒精灯加热至沸并保持 30 分钟，静置过夜，用漏斗过滤，滤液存于棕色试剂瓶中备用。

2. $KMnO_4$ 标准溶液浓度的标定　在托盘天平上准确称取 0.1～0.2g $Na_2C_2O_4$，置于 250 mL 锥形瓶中，加 30 mL 水使之溶解，再加入 10mL 3mol/L H_2SO_4 溶液，加热至 80℃左右，趁热用 $KMnO_4$ 溶液滴定至微红色且在 30 秒内不褪色即为滴定终点，记下 $KMnO_4$ 消耗的体积，计算 $KMnO_4$ 标准溶液的浓度。平行测定三份。

3. H_2O_2 含量的测定　用吸量管吸取 1.00 mL H_2O_2 浓溶液于 250mL 容量瓶中，加水定容，混匀。用移液管从中吸取 25.00mL H_2O_2 稀释液于 250mL 锥形瓶中，加 60mL 水，30 mL 3mol/L H_2SO_4，用 $KMnO_4$ 溶液滴定至微红色且在 30 秒内不褪色即为滴定终点，记下 $KMnO_4$ 消耗的体积，计算商品液中 H_2O_2 的含量。平行测定三份，并将数据填入下表。

	I	II	III
H_2O_2 体积（mL）			
$KMnO_4$ 标液最初读数（mL）			
$KMnO_4$ 标液最后读数（mL）			
$KMnO_4$ 标液毫升数			
商品液中 H_2O_2 的含量			
平均值			

五、实验注意事项

（1）在强酸性介质中，$KMnO_4$ 可按下式分解：

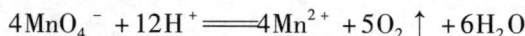

$$4MnO_4^- + 12H^+ === 4Mn^{2+} + 5O_2\uparrow + 6H_2O$$

所以，滴定开始时，滴定速度不能过快，以防止来不及反应的 $KMnO_4$ 在酸性溶液中分解。

（2）滴定时应控制滴定速度与滴定反应的速率一致。

（3）H_2O_2 溶液有很强的腐蚀性，防止溅到皮肤和衣物上。

思考题

（1）实验为什么要平行测定三份？

（2）$KMnO_4$ 法滴定中常用什么作为指示剂，它是怎样指示滴定终点的？

（3）控制溶液酸度时为何不能用 HCl 或 HNO_3 溶液？

（4）H_2O_2 商品液标签上注明其含量为 30%，实验测定结果小于此值，为什么？

（王晓宁）

实验二十五　水的硬度测定

一、实验目的

（1）掌握 EDTA 测定水的硬度的原理和方法。

（2）熟悉铬黑 T 和钙指示剂的应用以及金属指示剂的特点。

（3）了解水的硬度测定的意义和常用的硬度表示方法。

二、实验原理

测定水的总硬度，一般采用配位滴定法，即在 $pH \approx 10$ 的氨性溶液中，以铬黑 T 作为指示剂，用 EDTA 标准溶液直接滴定水中的 Ca^{2+}、Mg^{2+}，直至溶液由紫红色经紫蓝色转变为蓝色，即为终点。反应如下：

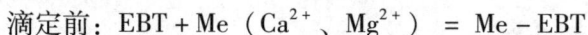

滴定前：$EBT + Me（Ca^{2+}、Mg^{2+}）= Me - EBT$

　　（蓝色）　　　　　　　$pH = 10$（紫红色）

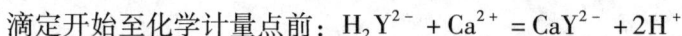

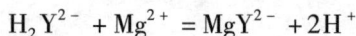

滴定开始至化学计量点前：$H_2Y^{2-} + Ca^{2+} = CaY^{2-} + 2H^+$

　　　　　　　　　　　$H_2Y^{2-} + Mg^{2+} = MgY^{2-} + 2H^+$

计量点时：$H_2Y^{2-} + Mg - EBT = MgY^{2-} + EBT + 2H^+$

　　　　（紫红色）　　　　　　　　（蓝色）

三、实验材料

仪器：20mL 移液管，100mL 容量瓶，100mL 量筒，250mL 锥形瓶（3 个），50mL 酸式滴定管。

试剂：0.05 mol/L EDTA 滴定液，$NH_3 - NH_4Cl$ 缓冲溶液（pH≈10），0.5% 铬黑 T。

四、实验内容及操作步骤

1. 0.01mol/L EDTA 标准溶液的配制　用移液管吸取 20.00 mL 0.05 mol/L EDTA 滴定液于 100mL 容量瓶中，加纯化水定容。

2. 水样测定　取水样 100mL，注入 250mL 锥形瓶中，加入 10mL pH≈10 的 NH_3 - NH_4Cl 缓冲溶液和少量铬黑 T 指示剂，用 0.01mol/L EDTA 标准溶液滴定至溶液由紫红色变为蓝色即为终点。记录所消耗 EDTA 滴定液的体积。平行测定三次，以含 $CaCO_3$ 的浓度表示硬度。

$$水总硬度 = \frac{(cV)_{EDTA} M_{CaCO_3}}{水样（mL）} \times 1000$$

式中：c——EDTA 标准溶液的浓度；

$\qquad V$——消耗 EDTA 标准溶液的体积。

$\qquad M_{CaCO_3}$——$CaCO_3$ 的相对分子质量

五、实验注意事项

用 EDTA 标准溶液滴定时，因反应速度较慢，在接近终点时，标准溶液逐滴加入，并充分摇动。

思考题

（1）配位滴定中为什么要加入缓冲溶液？

（2）用 $CaCO_3$ 为基准物，以钙指示剂为指示剂标定 EDTA 浓度时，应控制溶液的酸度为多大？为什么？如何控制？

（3）为什么滴定 Ca^{2+}、Mg^{2+} 总量时要控制 pH≈10？若 pH>13 时测定 Ca^{2+} 对结果有何影响？

（杜兵兵）

第四章　基础仪器分析实验

实验二十六　高效液相色谱法测定对乙酰氨基酚原料药的含量

一、实验目的

(1) 掌握用内标对比法测定药物含量的实验步骤和计算方法。

(2) 熟悉高效液相色谱仪的使用方法。

二、实验原理

内标对比法是内标法的一种应用，主要用于未知校正因子时的定量分析，是高效液相色谱最为常用的定量分析方法。内标对比法采用配制含有相同内标物浓度的对照品溶液和样品溶液，分别注入色谱仪，测得对照品溶液中的待测组分 (i) 和内标物 (s) 的峰面积 $A_{i对照}$ 和 $A_{s对照}$ 及样品溶液中的待测组分 (i) 和内标物 (s) 的峰面积 $A_{i样品}$ 和 $A_{s样品}$，按下式计算样品溶液中待测组分 i 的浓度：

$$含量（毫克/片）= c_{i对照} \times \frac{(A_i/A_s)_{样品}}{(A_i/A_s)_{对照}} \times 稀释体积 \times \frac{平均片重}{W_{取样量}}$$

扑热息痛即对乙酰氨基酚，其稀溶液在 (257 ± 1) nm 处有最大吸收，可用于定量测定。在其生产中，有可能引入对氨基酚等中间体，这些杂质亦可产生紫外吸收，因此采用高效液相色谱法测定对乙酰氨基酚片含量更为合适。

三、实验材料

仪器：分析天平，容量瓶，移液管，研钵，高效液相色谱仪，ODS 柱，流动相：甲醇 – 水（$V:V=60:40$）。流速：0.6mL/min。检测波长：257nm。柱温：室温。

试剂：对乙酰氨基酚对照品，非那西汀对照品（内标物），甲醇（色谱纯），重蒸馏水，对乙酰氨基酚片等。

四、实验内容及操作步骤

(1) 对照品溶液的配制　精密称取对乙酰氨基酚对照品约 50mg、内标物非那西汀约 50mg，同置于 100mL 容量瓶中，加甲醇适量，振摇使溶解，并稀释至刻度，摇匀；

精密量取上述溶液 1mL，置 50mL 容量瓶中，用流动相稀释至刻度，摇匀即得。

（2）样品溶液的配制 取对乙酰氨基酚片 10 片，研成粉末，取样品细粉约 50mg，精密称定，用甲醇提取，过滤，将滤液移至 100mL 容量瓶中。再取内标物非那西汀约 50 mg，精密称定，同置上述容量瓶中，加甲醇适量，振摇使溶解，并稀释至刻度，摇匀；精密量取上述溶液 1mL，置 50mL 容量瓶中，用流动相稀释至刻度，摇匀即得。

（3）进样分析 在如下色谱条件下，用微量注射器吸取对照品溶液，进样 20μL，记录色谱图，重复三次；以同样方式分析样品溶液。记录峰面积。

【色谱条件】

色谱柱：ODS 柱（15 cm×4.6 mm，5μm）；

流动相：甲醇–水（60:40）；

流速：0.6 mL/min；

检测波长：UV 257 nm；

内标物：非那西汀。

（4）计算对乙酰氨基酚片中对乙酰氨基酚的含量。

序号	对照液				供试液		
	A_i	A_s	A_i/A_s	f	A_i	A_s	A_i/A_s
1							
2							
3							
平均值							
校正因子 f 的 RSD							
含量（毫克/片）							

五、实验注意事项

（1）样品溶液和对照品溶液中的内标物浓度必须相同。

（2）实验中，可通过选择适当长度的色谱柱，调整流动相中甲醇和水的比例或流速，使对乙酰氨基酚与内标物的分离达到要求。

思考题

（1）内标对比法有何优点？如何选择内标物质？

（2）配制样品溶液时，为什么要使其浓度与对照品浓度接近？

（3）内标法绘制工作曲线时，如果（A_i/A_s）–C_i 直线不过原点，能否用内标对比法进行定量？

（4）样品溶液与对照品溶液中的内标物浓度是否必须相同？为什么？

（王　烨）

实验二十七　维生素 B_{12} 注射液的含量测定
（紫外可见分光光度法）

一、目的要求

（1）熟悉紫外分光光度计的操作方法。

（2）掌握定性鉴别的方法和吸收系数法的定量方法。

（3）了解含量测定、标示量的百分含量及稀释度等计算方法。

二、实验原理

维生素 B_{12} 是一类含钴的卟啉类化合物，具有很强的生理作用，可用于治疗恶性贫血等疾病。维生素 B_{12} 不是单一的一种化合物，共有七种。通常所说的维生素 B_{12} 是指其中的氰钴素，为深红色吸湿性结晶，制成注射液的标示含量有每毫升含维生素 B_{12} 50、100 或 500μg 等规格。

维生素 B_{12} 的水溶液在（278 ±1）nm、（361 ±1）nm 与（550 ±1）nm 三波长处有最大吸收。药典规定在 361nm 波长处的吸收度与 550nm 波长处的吸收度比值在 3.15 ~ 3.45 范围内为定性鉴别的依据。361nm 处的吸收峰干扰因素少，药典规定以（361 ±1）nm 处吸收峰的百分吸收系数值（207）为测定注射液实际含量的依据。

三、实验材料

仪器：紫外 – 可见分光光度计，石英吸收池，5mL 吸量管，10mL 量筒。

试剂：维生素 B_{12} 注射液，100μg/mL 维生素 B_{12} 注射液。

四、实验内容与操作步骤

1. 维生素 B_{12} 注射液供试品溶液制备　精密吸取维生素 B_{12} 注射液样品（100μg/mL）3.0mL，置于 10mL 量筒中，加蒸馏水至刻度，摇匀，得供试品溶液。

2. 测定　将样品稀释液装入 1cm 石英吸收池中，以蒸馏水为空白，在 361nm 波长处与 550nm 波长处分别测定吸收度。

3. 定性鉴别　根据测得的 361nm 波长处的吸收度与 550nm 波长处的吸收度数据，计算该两波长处的吸收度比值，并与标准值 3.15 ~ 3.45 相比较，进行维生素 B_{12} 的鉴别。

4. 吸收系数法　将 361nm 波长处测得的吸收度 A 值与 48.31 相乘，即得样品稀释液中每毫升含维生素 B_{12} 的微克数。

按照百分吸收系数的定义，每 100mL 含 1g 维生素 B_{12} 的溶液（1 ％）在 361nm 处的吸收度应为 207。即：

$$E\ (361\,nm)\ = 207\ (100mL/g\cdot cm) = 207 \times 10^{-4}\ (mL/\mu g\cdot cm)$$

$$C_{样} = A_{样}/b\cdot E_{1cm}^{1\%} = A_{样} \times 48.31\qquad (\mu g/mL)$$

$$维生素\ B_{12}标示量（\%）= \frac{c_{样}（\mu g/mL）\times 样品稀释倍数}{标示量（100\mu g/mL）} \times 100\%$$

式中：$A_{样}$——样品的质量吸收系数；

        $E_{1cm}^{1\%}$——样品的百分吸收系数；

        b——液层厚度；

        $c_{样}$——样品稀释液中每毫升含维生素 B_{12}的微克数。

五、实验注意事项

（1）在使用紫外－可见分光光度计前，应熟悉本仪器的结构、功能和操作注意事项。

（2）吸收池的光学面，必须清洁干净，不准用手触摸，只可用擦镜纸擦拭。

思考题

试比较用标准曲线法及吸收系数法定量的优缺点。

（杜兵兵）

实验二十八　荧光光度法测定维生素 B_2 含量

一、实验目的

（1）掌握标准曲线法定量分析维生素 B_2 的基本原理。

（2）熟悉荧光分析法的定量方法。

（3）了解荧光分光光度计的基本原理、结构及性能，掌握其基本操作。

二、实验原理

维生素 B_2（又称为核黄素）是橘黄色无臭的针状结晶。由于分子中有三个芳香环，具有平面刚性结构，因此它能够发射荧光。维生素 B_2 易溶于水而不溶于乙醚等有机溶剂，在中性或酸性溶液中稳定，光照易分解，对热稳定。

维生素 B_2 溶液在 430～440nm 蓝光的照射下，发出绿色荧光，荧光峰在 535nm 附近。维生素 B_2 在 pH 6～7 的溶液中荧光强度最大，而且其荧光强度与维生素 B_2 溶液浓度呈线性关系，因此可以用荧光光谱法测维生素 B_2 的含量。维生素 B_2 在碱性溶液中经光线照射会发生分解而转化为另一物质——光黄素，光黄素也是一个能发荧光的物质，其荧光比维生素 B_2 的荧光强得多，故测维生素 B_2 的荧光时溶液要控制在酸性范围内，且在避光条件下进行。

在稀溶液中，荧光强度 F 与物质的浓度 c 有以下关系：

$$F = 2.303\Phi_F \cdot I_0 \cdot \varepsilon \cdot c \cdot L \quad (\varepsilon \cdot c \cdot L < 0.5)$$

式中：F——维生素 B_2 的荧光强度；

$\quad\quad$ Φ_F——荧光效率；

$\quad\quad$ I_0——激发光强度；

$\quad\quad$ ε——摩尔吸光系数；

$\quad\quad$ c——维生素 B_2 的物质的量浓度；

$\quad\quad$ L——液层厚度。

当实验条件（入射光强度 I_0）一定时，低浓度物质的荧光强度与浓度呈线性关系，可表示为： $F = Kc$

利用标准曲线法即可测定维生素 B_2 的含量。

三、实验材料

仪器：930 型荧光光度计（附比色皿一对，滤光片一盒），1L 容量瓶一个，50mL 容量瓶 6 个，10mL 吸量管，天平。

试剂：10.0μg/mL 维生素 B_2 标准溶液，医用维生素 B_2 片，1% 的醋酸。

四、实验内容及操作步骤

1. 10.0μg/mL 维生素 B_2 标准溶液的制备 称取 10.0mg 维生素 B_2，先溶于少量 1% 醋酸中，然后在 1L 容量瓶中用 1% 醋酸稀释至刻度，摇匀。溶液应保存于棕色瓶中，置于阴凉处或冰箱内，取 5 个 50mL 的容量瓶，分别加入 1.00、2.00、3.00、4.00 及 5.00mL 维生素 B_2 标准溶液，用纯化水稀释至刻度，摇匀。

2. 维生素 B_2 样品溶液的制备 精密称取医用维生素 B_2 片剂一片，用 1% 醋酸溶解后转入 1L 容量瓶中，用 1% 醋酸稀释至刻度，摇匀。取 3.0mL 于 50mL 容量瓶中，用纯化水稀释至刻度，摇匀作为样品溶液。

3. 标准溶液及样品的荧光测定 采用 430～440nm 激发滤光片和 535nm 荧光滤光片，用纯化水做空白，调读数至 0。用系列标准溶液中浓度最大的溶液，调节其荧光读数为 100，以此作为荧光强度的基准。然后测量标准溶液和样品溶液的荧光强度。

4. 标准曲线的制备 以测量的标准溶液荧光强度为纵坐标，标准维生素 B_2 溶液的浓度为横坐标，绘制标准曲线。

5. 确定样品溶液维生素 B_2 的含量 根据样品溶液的荧光强度从标准曲线上查出样品溶液中维生素 B_2 的浓度，并计算出医用维生素 B_2 片中维生素 B_2 的含量。

五、实验注意事项

（1）温度对溶液的荧光强度有很大影响，一般荧光物质溶液的荧光强度随温度的降低而增强。

（2）荧光测定所用的溶剂达到分析纯等级即可，但要防止污染，如有污染应经过重新蒸馏或用水、酸、碱洗涤后再使用。荧光分析用的溶剂不得在塑料容器内保存，因为有机填充剂和增塑剂有可能被溶剂溶解，导致空白值升高。

（3）浓度过大会产生荧光自灭现象，所以荧光分析适宜于低浓度下测定。

思考题

（1）为什么要使用两块滤光片，其选择的根据是什么？

（2）在荧光计中，通常激发光的入射方向与荧光的检测不在一条直线上，而是呈一定角度，为什么？

（杜兵兵）

实验二十九 吸收曲线的绘制

一、实验目的

（1）掌握 722 型分光光度计的正确操作方法。

（2）熟练测绘吸收曲线并能找出最大吸收波长。

二、实验原理

吸收曲线又称吸收光谱。它是在浓度一定的条件下，以波长或波数为横坐标，以吸光度或吸光系数为纵坐标所描绘的曲线。不同的物质由于结构不同，吸收曲线不同。吸收曲线的形状及最大吸收波长与溶液的性质有关，吸收峰的高度与溶液的浓度有关，当溶液浓度一定时，溶液在最大吸收波长处吸收度最大，因此在分光光度法的定量测定中，应选择该溶液的最大吸收波长的光作为入射光。吸收曲线是对物质进行定性鉴定和定量测定的重要依据之一。

三、实验材料

仪器：722 型分光光度计，容量瓶（100mL，50mL），吸量管（20mL），分析天平，称量瓶，小烧杯，洗耳球。

试剂：$KMnO_4$（AR）。

四、实验内容及操作步骤

1. 标准 $KMnO_4$ 溶液的配制 精密称取基准物质 $KMnO_4$ 0.0125g，置于小烧杯中，溶解后定量转入 100mL 量瓶中，用纯化水稀释至标线，摇匀（$KMnO_4$ 溶液的浓度为 0.125mg/mL）。吸取上述 $KMnO_4$ 溶液 20.00mL，置于 50mL 量瓶中，用纯化水稀释至标线，摇匀，待测。

2. 测定标准 KMnO₄ 溶液的吸光度 将此溶液与空白液（纯化水）分别盛于1cm厚的比色皿中，并将其放在分光光度计的比色皿架上，按722型分光光度计的正确使用方法进行操作。波长从420nm开始到680nm，每隔20nm测量一次吸光度（其中在510~560nm处，每隔5nm测定一次），每变换一次波长，都需用纯化水作空白液，调节透光度为100%后，再测定溶液的吸光度（及透光率）。记录溶液在不同波长处测得的吸光度（及透光率）数值。

3. 绘制吸收光谱曲线 以波长 λ 为横坐标，吸收度 A 为纵坐标绘制 $A - \lambda$ 吸收光谱曲线。

五、实验注意事项

（1）波长每改变一次，都必须用空白液调节"0"和"100%"，校正好后再测吸光度和透光率。

（2）比色皿装液以其池体体积的4/5为宜。比色皿光面宜置光路中，放置的位置要正确。

思考题

（1）如何正确使用722型分光光度计？怎样保护光电管？

（2）最大吸收波长 λ_{max} 值的位置与浓度是否有关？为什么定量分析时波长一般应选择在最大吸收波长 λ_{max} 处？

（王晓宁）

实验三十 复合维生素 Fe（Ⅱ）含量测定

一、实验目的

（1）利用分光光度法测定复合维生素中铁的含量。

（2）了解金属离子在生物体中的重要性。

二、实验原理

近年来对生物体中存在的金属离子的重要性的认识日趋提高。如 Fe^{2+} 与氧的运输和能量的储存有关，Cu^{2+} 和 Zn^{2+} 在一些酶中存在，Mo 是固氮菌的重要元素和许多氧化反应的催化剂。如果膳食中缺乏这些重要元素，人体就会患病甚至死亡。例如，缺 Mo 会妨碍黄嘌呤（土豆，茶及咖啡中来）氧化为尿酸，这是痛风病的重要原因。许多人以维生素片（加入矿物质）来确保所需的金属含量。加铁的维生素是很常见的，铁在维生素中以可溶性 Fe（Ⅱ）离子存在。有趣的是不溶性的 Fe（Ⅲ）对生物体是无用的。许多土壤中尽管含有很高的 Fe（Ⅲ），但植物仍会缺铁。

本实验是测定复合维生素中 Fe^{2+} 的含量。采用 Fe（Ⅱ）与 1，10 – 邻菲咯啉（$C_{12}H_8N_2$，以 phen 表示）生成深红色 $[Fe(phen)_3]^{2+}$ 比色测定法。反应式为

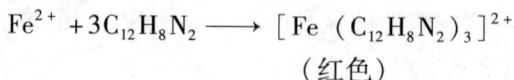

$$Fe^{2+} + 3C_{12}H_8N_2 \longrightarrow [Fe(C_{12}H_8N_2)_3]^{2+}$$
（红色）

三、实验材料

仪器：微型吸滤装置，722 型分光光度计，分析天平，10mL 容量瓶，烧杯，吸量管。

试剂：标准溶液（0.0100g/L）（Fe^{2+}），盐酸羟胺（10g/L），醋酸（0.01mol/L），NaAc 溶液（1.0 mol/L），1，10 – 邻菲咯啉（1g/L）。

四、实验内容及操作步骤

（1）样品的处理　把复合维生素片（21 金维他）置于研钵中研细，在天平上称取 125mg（±1mg）样品于 25mL 烧杯中，然后加入 5mL 0.01mol/L HAc，加热搅拌微沸 15 分钟，冷至室温，抽滤，滤液转至 10mL 容量瓶中，用 1mL 蒸馏水洗涤吸滤瓶 2 次，一并转入容量瓶中，再加蒸馏水至刻度线。

（2）标准曲线绘制　按下表用吸量管移取各溶液于 10mL 容量瓶中，加水至刻度线，摇匀。在波长 508nm 处，以 5 号溶液作为参比，测定各溶液及未知液的吸光度。

（3）样品溶液 Fe（Ⅱ）含量的测定

（4）数据处理

实验编号	1	2	3	4	5	6（样品）
V（Fe^{2+} 标准溶液）/mL	0.50	1.00	1.50	2.00	—	—
V（10g/L 盐酸羟胺）/mL	1.00	1.00	1.00	1.00	2.00	1.00
V（1.0mol/L NaAc）/mL	1.00	1.00	1.00	1.00	2.00	1.00
V（1g/L 1，10 – 邻菲咯啉）/mL	1.00	1.00	1.00	1.00	2.00	1.00
V（样品液）/mL	—	—	—	—	—	1.00
ρ（Fe^{2+}）/（g/mL）						
吸光度（A）						

用实验 1~4 号的 Fe^{2+} 含量 ρ（Fe^{2+}）为横坐标，吸光度 A 为纵坐标作图，得一标准曲线为一直线，然后根据所测样品的吸光度值在标准曲线上找出相应的 Fe^{2+} 含量，即为所测样品中铁的质量浓度。

五、实验注意事项

（1）Fe（Ⅱ）标准溶液以实际标定的浓度计算。

（2）不同的维生素会有不同的不溶物，但 Fe（Ⅱ）是全溶的。

思考题

（1）在测量吸光度时，为何选光源的波长为 508nm？

（2）称量样品时，为何要在天平上准确称量？如果在处理样品时烧杯、吸滤瓶未洗干净，或洗涤的溶液不并入 10mL 容量瓶中，对测定结果有何影响？

（3）某些植物生长在含铁质量分数高达 20% 的土壤中，若铁以 Fe（OH）$_3$ 形式存在，植物仍会缺铁，试解释原因。怎样使之变为可利用的铁？

（王晓宁）

实验三十一　用 pH 计测定溶液的 pH

一、实验目的

（1）学会用 pH 计测定溶液 pH 的方法。

（2）了解 pH 计的原理及构造。

二、实验原理

pH 计的原理是利用电势法来测定溶液的 pH。电势法是通过测量原电池的电动势来确定待测离子浓度的方法。在电势法中，通常将待测溶液作为原电池的电解质溶液，在待测溶液中插入两个性能不同的电极，其中一个电极的电极电势随待测离子浓度的变化而变化，这种能指示待测离子浓度的电极称为指示电极（indicator electrode）。另一个电极的电极电势不随待测离子浓度的变化而变化，具有恒定的电极电势，这种电极称为参比电极（reference electrode）。指示电极和参比电极同时插入待测溶液中组成原电池，通过测量原电池的电动势，即可求得待测离子的浓度。

电势法测定水溶液酸碱性即 pH 时，一般用玻璃电极作指示电极，用饱和甘汞电极作参比电极，组成原电池：

（－）玻璃电极 | 待测 pH 溶液 ‖ 饱和甘汞电极（＋）

在 298K 时，该原电池的电动势为：

$$E = \varphi_{甘汞} - \varphi_{玻}$$
$$= 0.2412 - (\varphi_{玻}^{\theta} - 0.059\text{pH})$$
$$= 0.2412 - \varphi_{玻}^{\theta} + 0.059\text{pH}$$

令：$K = 0.2412 - \varphi_{玻}^{\theta}$

则：$E = K^{+}0.059\text{pH}$

由于常数 K 受玻璃电极的某些因素的影响而难以测量和计算，因此，在实际测定时常采用两次测定法以消除常数 K。即先将玻璃电极和饱和甘汞电极插入一已知 pH 为 pHs 的标准缓冲溶液中，组成原电池，测得原电池的电动势为 Es，则：

$$E_s = K + 0.059 \mathrm{pH_S} \tag{1}$$

然后，再将此原电池装置中的标准缓冲溶液换成待测溶液，设其 pH 为 pHx，测得电动势为 E_x，则：

$$E_x = K + 0.059 \mathrm{pH_X} \tag{2}$$

将（2）式减去（1）式得：

$$E_x - E_s = 0.059 \ (\mathrm{pH_X} - \mathrm{pH_S})$$

$$\mathrm{pH_X} = \frac{E_x - E_s}{0.059} + \mathrm{pH_S}$$

通过已知数值 $\mathrm{pH_s}$ 和测得的数据 E_s 和 E_x，就可求得待测溶液的 pH（$\mathrm{pH_x}$）。

从上式可知，在 298K 时，电池电动势每改变 0.059V，即相当于溶液的 pH 改变 1 个单位。所以在实际工作中，酸度计（用来测定溶液 pH 的仪器，也称为 pH 计）上的 pH 读数，就是按 0.059V 相当于 1 个 pH 单位进行标记的。由于此值是随温度的改变而变化的，因此在 pH 计上安装了一个温度补偿器，如待测溶液的温度为 25℃，则应将 pH 计的温度补偿器调至 25℃ 处，这时 pH 计的每一 pH 读数值恰能反映出溶液的 pH 的变化。

经温度补偿后的 pH 计，只能反映出溶液的 pH 变化，而不能直接读出待测溶液的 pH，为了直接读出待测溶液的 pH，还需要用标准 pH 溶液来校正 pH 计，本实验采用标准缓冲溶液的 pH＝4.00 和 pH＝6.86，将此标准 pH 溶液和电极组成电池与 pH 计连接，调整 pH 计上的定位调节器，使指针恰好在标准溶液的 pH（4.00 或 6.86）处，这一过程叫做定位。经过温度补偿和定位后的 pH 计，就可以直接测定待测溶液的 pH 了。

在本实验中，采用 HAc-NaAc 缓冲溶液作为待测溶液，因此先要配制一系列不同浓度的 HAc-NaAc 缓冲溶液，并可按下式计算它的 pH。

$$pH = pK_a + \lg \frac{[\mathrm{NaAc}]}{[\mathrm{HAc}]}$$

$$pH = 4.75 + \lg \frac{[\mathrm{NaAc}]}{[\mathrm{HAc}]}$$

本实验所用 pHS－25 型酸度计是利用 pH 复合电极对被测溶液中不同酸度产生的直流电势，通过前置放大器输入到 A/D 转换器，以达到 pH 数字显示的目的。

酸度计除可以准确测定溶液的 pH 外，如配上适当的离子选择性电极还可作电势滴定分析，以达到测定其他离子的目的。使用酸度计还可测原电池的电动势。

三、实验材料

仪器：pHS－25 型酸度计，复合电极，50mL 小烧杯，100℃ 温度计，10mL 移液管，洗瓶，滤纸。

试剂：0.1mol/L CH_3COOH（简写为 HAc）溶液，0.1mol/L CH_3COONa（简写为 NaAc）溶液，pH＝4.00 的标准缓冲溶液，pH＝6.86 的标准缓冲溶液，蒸馏水。

四、实验内容及操作步骤

（一）缓冲溶液的配制

（1）取3个50mL烧杯，标上序号，用吸量管按下表所列的体积量取0.1mol/LHAc溶液和0.1mol/L NaAc溶液，混合均匀待测。

烧杯编号 / 试剂量	1	2	3
0.1mol/L HAc 溶液的体积	18	10	2
0.1mol/L NaAc 溶液的体积	2	10	18
理论计算的 pH			
实验测得的 pH			

（二）仪器使用方法

酸度计型号较多，结构大同小异，常用的有刻度指针显示和数字显示两种，它们的原理相同，操作类似。本实验以 pHS－25 型酸度计为例，仪器外形如图31－1。若使用其他型号的酸度计时，请详见仪器使用说明。

1. 使用前准备 将浸泡好的电极与仪器连接并固定在电极夹上。

2. 仪器的预热 接通电源，仪器预热30分钟。

3. 仪器的标定 仪器使用前先要标定（定位）。一般情况下仪器连续使用时，每天标定一次即可。

（1）把选择开关旋钮调至"pH"档；

（2）调节温度补偿开关旋钮，使指示温度与溶液温度一致；

（3）调节斜率旋钮至100%位置；

（4）把用蒸馏水清洗过并用滤纸吸干的电极插入 pH＝6.86 的标准缓冲溶液中；

（5）调节定位旋钮，使显示读数与该缓冲溶液的 pH 一致（6.86）；

用蒸馏水清洗电极，重复（3）～（5）操作，调节斜率旋钮至 pH 为 4.00（或9.18），直至不用再调节定位或斜率旋钮为止。

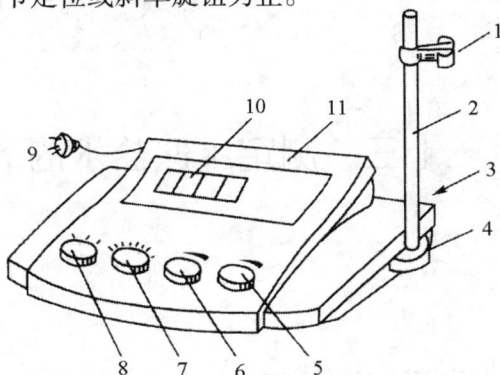

图 31－1 pHS－25 型酸度计

1. 电极夹；2. 电极杆；3. 电极插口（背面）；4. 电极杆插座；5. 定位调节钮

6. 斜率补偿钮；7. 温度补偿钮；8. 选择开关钮（pH，mV）；9. 电源插头；10. 显示屏；11. 面板

4. 溶液 pH 的测定 仪器标定后即可测量待测溶液 pH，定位调节旋钮不再变动。

（1）用蒸馏水清洗电极，并用待测溶液清洗一次（或用滤纸小心吸干）；

（2）将电极浸入 1 号待测缓冲溶液的烧杯中，轻轻摇动，使溶液均匀；

（3）在显示屏上读出溶液的 pH 填入上表，并与理论值比较；

（4）取出电极并用蒸馏水洗净，用滤纸轻轻吸干电极上的水，然后按上法测定 2 号、3 号待测缓冲溶液的 pH。将测得的 pH 均填入上表中，与理论计算值进行比较。

五、实验注意事项

（1）复合电极在测量前，必须用已知的 pH 标准缓冲溶液进行定位校准，为取得较好的实验结果，已知的标准缓冲溶液 pH 要准确，而且其 pH 愈接近被测值愈好。

（2）电极在使用时，应将上面的加液口橡皮套向下滑动使口外露，以保持液位压差。

（3）复合电极取下保护帽后，应注意在塑料保护内的敏感玻璃泡不能与硬物接触，以免破损。

（4）测量完毕，不用时应将复合电极保护帽套上，帽内应放少量补充液，以保持电极球的湿润。

（5）标定的标准缓冲溶液一般第一次用 pH = 6.86 的，第二次用接近待测溶液 pH 的缓冲溶液，如待测溶液为酸性时，缓冲溶液选 pH = 4.00 的；如待测溶液为碱性时则选 pH = 9.18 的缓冲溶液。

思考题

（1）简述用 pH 计测定溶液的 pH 的步骤。

（2）在本实验中，能用 pH 计测定强碱溶液的 pH 吗？为什么？

（3）请总结在本实验中哪些因素会造成溶液的 pH 测定不准确。

（丁素君）

实验三十三 测定生理盐水的 pH

一、实验目的

（1）熟练掌握 pH 计测定溶液 pH 的方法。

（2）学会正确地校准、检验和使用 pH 计。

（3）学会用两次测定法测定溶液的 pH。

二、实验原理

用直接电位法测定溶液 pH，常以玻璃电极为指示电极，饱和甘汞电极为参比电极，浸入待测溶液中组成原电池。其原电池符号表示为：

$$（-）GE｜待测溶液 ‖ SCE （+）$$

在具体测定时常采用两次测量法，即先用已知 pH_s 的标准缓冲溶液来校正 pH 计，然后再测定待测溶液的 pH_x。

三、实验材料

仪器：pHS-3C 型 pH 计，玻璃电极，饱和甘汞电极（或复合 pH 玻璃电极），50mL 小烧杯。

试剂：KH_2PO_4 与 Na_2HPO_4 标准缓冲溶液（pH = 6.86），$Na_2B_4O_7·10H_2O$ 标准缓冲溶液（pH = 9.18），生理盐水。

四、实验内容及操作步骤

1. 标准 pH 缓冲溶液的配制 配制 pH = 6.86 和 pH = 9.18 的标准缓冲溶液。

2. pHS-3C 型 pH 计的校准与检验

（1）仪器使用前准备：将浸泡好的玻璃电极与甘汞电极夹在电极夹上，接上导线。用纯化水清洗两电极头部分，用滤纸吸干电极外壁上的水。

（2）仪器预热：测定前打开电源预热 20 分钟左右。

（3）仪器的校准：仪器在使用前需要校准，操作如下：

①将仪器功能选择旋钮置"pH"档。

②将两个电极插入 pH 接近 7 的标准缓冲溶液中（pH = 6.86，298.15K）。

③调节"温度"补偿旋钮，使所指示的温度与标准缓冲溶液的温度相同。

④将"斜率"调节器按顺时针转到底（100%）。

⑤把清洗过的电极插入到已知 pH 的标准缓冲溶液中，轻摇装有缓冲溶液的烧杯，直到电极反应达到平衡。

⑥调节"定位"旋钮，使仪器上显示的数字与标准缓冲溶液的 pH 相同（如 pH = 6.86）。

⑦取出电极，用水清洗后，再插入另一 pH 接近被测溶液 pH 的标准缓冲溶液中（如 pH = 9.18，298.15K），进行校正，操作同前。

3. 生理盐水 pH 的测定 把电极从标准缓冲溶液中取出，用纯化水清洗后，再用生理盐水清洗一次，然后插入生理盐水中，轻摇烧杯，电极反应平衡后，读取生理盐水的 pH。

4. 结束工作 测量完毕，取出电极，清洗干净。用滤纸吸干甘汞电极外壁上的水，塞上橡皮塞后放回电极盒。将玻璃电极浸泡在纯化水中。切断电源。

五、实验注意事项

（1）玻璃电极固定在电极夹上时，球泡略高于饱和甘汞电极下端，插入深度以玻璃电极球泡被溶液浸没为限。

（2）玻璃电极不能在含氟较高的溶液中使用。

（3）甘汞电极在使用时，要注意电极内是否充满 KCl 溶液，里面应无气泡，以防止短路。必须保证甘汞电极下端毛细管畅通，在使用时应将电极下端的橡皮帽取下，并拔去电极上部的小橡皮塞，让极少量的 KCl 溶液从毛细管中渗出，使测定结果更可靠。

（4）用滤纸吸玻璃电极膜上的水时，动作一定要轻，否则会损害玻璃膜。

（5）待测溶液与标准缓冲溶液中的 pH 应该接近。

思考题

（1）为什么要用两次测定法测定生理盐水的 pH？

（2）标准缓冲溶液的 pH 与生理盐水的 pH 相差多大为好？

（王晓宁）

实验三十三　乙醇中微量水分的测定

一、实验目的

（1）掌握气相色谱法测定微量水分的方法。

（2）熟悉内标法的原理、计算及其应用。

（3）熟悉气相色谱仪的操作程序。

二、实验原理

内标法即将一种一定量的纯物质作为内标物（m_s）加入到一定量的待测样品（m）中，混匀后进样，根据所称重量与色谱图上相应峰面积之间的关系求出待测组分的含量的定量方法。组分含量计算公式为：

$$\omega_i = \frac{f_i A_i}{f_s A_s} \times \frac{m_s}{m} \times 100\%$$

式中：

ω_i——待测组分含量；

f_i——待测组分的校正因子；

f_s——内标物的校正因子；

A_i——待测组分的峰面积；

A_s——内标物的峰面积；

m——待测样品的质量；

m_s——内标物的质量。

内标法具备归一化的优点，即实验条件的变动对定量结果影响不大，而且只要被测组分与内标物产生信号即可用于定量，很适合中药和复方药物的某些有效成分的含量测定。另外，还特别适用于微量杂质的检查，由于杂质与主要成分含量相差悬殊，无法用归一化法测定杂质含量，采用内标法则很方便。加入一个与杂质量相当的内标物，增大进样量突出杂质峰，测定杂质峰与内标物峰面积之比，则可求出杂质含量。

401 有机载体属于高分子多孔小球，本身既是载体又是固定相，可以在高温活化后直接用于分离，也可以作为载体涂上其他固定液后再用于分离，直接使用时，对于含有—OH 的化合物均有相对低的亲和力，且峰形对称，故特别适合于有机物中痕量水分的测定，还可以用于多元醇、脂肪酸和胺类等分析。

三、实验材料

仪器：112 型气相色谱仪（或其他型号色谱仪），微量注射器（10μL）。

试剂：无水乙醇（分析纯或化学纯，样品），无水甲醇（分析纯，内标物）。

四、实验内容及操作步骤

1. 溶液配制　准确量取 100 mL 待测的无水乙醇，精密称定其质量（称重约为79.37g），另准确加入无水甲醇（内标物）约 0.25g（用减重称量法精密称定），混匀待用。

2. 色谱条件

（1）色谱柱：401 有机载体或 GDX－203 固定相，柱长 2cm。

（2）柱温：100℃～120℃，气化室温度：150℃，检测器温度：140℃。

（3）载气：H_2，流速：40～50 mL／min。

（4）检测器：热导池，桥电流：150 mA。

（5）进样量：6～10μL。

3. 样品的含量测定　待基线平直后，用微量注射器吸取上述样品溶液 6～10 μL进样，记录色谱图，准确测定水及甲醇的峰高及半峰宽，计算无水乙醇的含水量。

乙醇中的微量水分测定数据记录

参数＼组分	t_R (min)	h (cm)	$W_{1/2}$ (cm)	A (cm²)	m (g)	f_g (h)	f_g (A)	含水量（h） W/V	含水量（h） W/W	含水量（A） W/V	含水量（A） W/W
H_2O						0.224	0.55				
CH_3OH						0.340	0.58				

五、实验注意事项

（1）仪器衰减可先设置在 1/1 处（灵敏度最高），以便对微量水分及甲醇能及时准确测量；当甲醇流出后再将衰减调至 1/8 或 1/16 处，以避免主成分乙醇峰过大，而使分析时间延长。

（2）热导检测器（TCD）的校正因子与载气性质有关，以 H_2 或 He 做载气与以 N_2 作载气所获得校正因子相差较大，不能通用；而氢焰检测器（FID）的校正因子与载气性质无关，可以相互通用。

思考题

（1）试解释本实验色谱峰的流出顺序为何按水、甲醇、乙醇流出？
（2）内标法有什么特点？
（3）解释内标法中以峰面积定量时，为何载气流速的变化对测定结果影响较小？

（王　烨）

实验三十四　葡萄糖旋光度的测定

一、实验目的

（1）了解旋光仪的构造。
（2）熟悉比旋光度的计算方法。
（3）掌握旋光仪的使用方法。

二、实验原理

物质可按是否具有光学活性分为两大类，一类是具有能使偏振光的振动平面发生旋转的物质，如乳酸、葡萄糖等，称为旋光性物质或光学活性物质；另一类是对偏振光不产生影响，没有旋光性的物质。旋光度是指光学活性物质使偏振光的振动平面旋转的角度。

物质的旋光度与溶液的浓度、溶剂、温度、旋光测定管长度和所用光源的波长等都有关系，所以常用比旋光度 $[\alpha]_\lambda^t$ 来表示各物质的旋光性。

$$[\alpha]_\lambda^t = \frac{\alpha}{l \times c}$$

式中，$[\alpha]_\lambda^t$——旋光性物质在 t℃，光源的波长为 λ 时的旋光度；

　　　　t——测定时溶液的温度；

　　　　λ——光源的光波波长；

　　　　α——标尺盘转动角度的读数（即旋光度）；

　　　　c——溶液的浓度（指 1mL 溶液中所含物质的克数）；

　　　　l——测定管的长度（dm）。

在一定条件下，比旋光度是旋光性物质的一个重要物理常数，通过对旋光度的测定可以检测光学活性物质的含量和纯度。

三、实验材料

仪器：目测旋光仪、分析天平、100mL 烧杯、100mL 容量瓶、100℃温度计。
试剂：葡萄糖晶体、葡萄糖溶液。

四、实验内容及步骤

1. 旋光仪零点的校正　在测定样品前，必须先校正旋光仪（图 35 - 1）的零点。将旋光仪的旋光管清洗干净，装上蒸馏水，使液面凸出管口，将玻璃盖沿管口边缘轻轻平推盖好，不能带入气泡，管内不能有空隙，否则将影响测定结果。然后拧上螺丝帽盖，使之不漏水，但不要拧得过紧。将旋光管外壁擦干，放入旋光仪内，罩上盖子，开启钠光灯约 5 分钟，待发光正常后，将标尺盘调到零点左右，旋动旋钮，使视场内和部分明暗一致（图 35 - 2）。记录读数。重复操作至少 5 次，取平均值。若零点相差太大时，应对仪器重新进行校正。

图 35 - 1　旋光仪图片

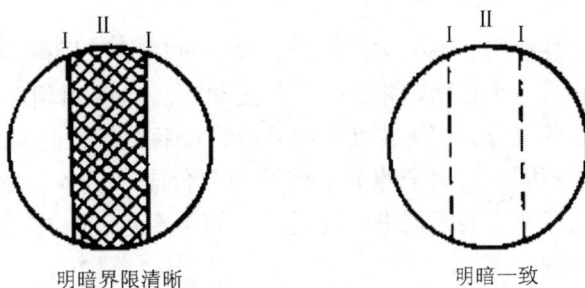

明暗界限清晰　　　　　　明暗一致

图 35 - 2　旋光仪目镜视场

2. 测定已知准确浓度的葡萄糖溶液的旋光度　用分析天平准确称量 10.000g（±0.003g）葡萄糖晶体于小烧杯中，加入适量蒸馏水，搅拌使之溶解，定量转移到100mL 容量瓶中，稀释至刻度标线，摇匀备用。用上述溶液少许润洗旋光管 2 次，以避免葡萄糖溶液被蒸馏水稀释而改变浓度。然后将溶液装入旋光管内，每隔 2 分钟测定一次旋光度，观察葡萄糖溶液的变旋光现象，读取其稳定的读数。重复操作 5 次，取 5 次稳定读数的平均值，此时所得的读数与零点之间的差值即为葡萄糖的旋光度。记录旋光管的长度和溶液的温度，根据公式 $[\alpha]_\lambda^t$ 计算葡萄糖的比旋光度。

3. 测定未知准确浓度的葡萄糖溶液的旋光度　将旋光管用蒸馏水清洗净后，再用少量待测溶液润洗 2 次，按上述实验 2 方法测定该溶液的旋光度。将所测得的旋光度的读数和上述实验步骤 2 所计算出的比旋光度代入公式 $[\alpha]_\lambda^t$，即可确定该溶液的浓度。

思考题

（1）葡萄糖为什么具有变旋光现象？

（2）旋光度和比旋光度有何区别？

（3）为什么 $\alpha-D-（+）$ –吡喃葡萄糖没有 $\beta-D-（+）$ –吡喃葡萄糖稳定？

（何弘水）

实验三十五 几种金属离子的柱色谱

一、实验目的

（1）熟悉液相色谱干法装柱的操作方法。

（2）了解吸附柱色谱法对几种金属离子进行分离的方法。

二、实验原理

柱色谱法，又称层析法，是一种以分配平衡为机理的分配方法。色谱体系包含两个相，一个是固定相，一个是流动相。当两相相对运动时，反复多次的利用混合物中所含各组分分配平衡性质的差异，最后达到彼此分离的目的。

不同金属离子的电子层结构和价态不同，使之被氧化铝吸附的能力也各不相同，若选择适当的溶剂进行洗脱，它们可在色谱柱中差速迁移，使保留时间各不相同，从而达到分离。

三、实验材料

仪器：色谱柱（1cm×20cm），滴定台架，滴管，玻璃棒，锥形瓶，玻璃漏斗。

试剂：活性氧化铝（80～120目），Fe^{3+}、Cu^{2+} 和 Co^{2+} 的混合水溶液（各离子的浓度均为5mg/mL），脱脂棉。

四、实验内容及操作步骤

1. 装柱 取一支色谱柱，从上端塞入一小团脱脂棉，用玻璃棒将其轻轻压平于色谱柱下端，将色谱柱固定于滴定台架上。在色谱柱上口置一只玻璃漏斗，将80～120目色谱用活性氧化铝由此漏斗加入色谱柱中，边装边轻轻敲击色谱柱管，使之填充均匀，达10cm高度时，在氧化铝上面塞入一小团脱脂棉，用玻璃棒将其压平。

2. 加样 用滴管滴加适量（约10滴）含 Fe^{3+}、Cu^{2+} 和 Co^{2+} 的混合水溶液。

3. 洗脱 待混合溶液全部渗入氧化铝后，加纯化水进行洗脱，同时打开色谱柱下端的活塞。连续洗脱一段时间（约半小时）后，即可观察到色谱柱呈现出三种色带，记录结果并解释。

五、实验注意事项

（1）装柱时应力求填装均匀，且要拍实。

（2）应尽量将试样滴加到色谱柱的中心，否则会因试样分布不均匀而影响分离效果。

（3）氧化铝使用前应进行活化处理。

思考题

（1）离子的电荷与它在色谱柱上的保留时间有何关系？

（2）氧化铝的含水量与其活性之间有何关系？

（杜兵兵）

实验三十六　磺胺类药物分离及鉴定的薄层色谱

一、实验目的

（1）掌握薄层硬板的铺制方法。

（2）熟悉薄层色谱法分离鉴定混合物的原理。

（3）了解 R_f 的计算方法。

二、实验原理

由于不同的磺胺类药物结构不同，其极性也不同，极性大的组分被极性吸附剂牢固吸附，不易被展开，R_f 值小；反之亦然。从而可将混合物中各种不同的磺胺类药物分离开来，经斑点定位后即可进行定性鉴别。

三、实验材料

仪器：色谱槽（或矮形色谱缸），玻片（5cm×10cm），乳钵，玻璃棒，平口毛细管或微量注射器，显色用喷雾器，电吹风，直尺，烘箱，干燥器。

试剂：薄层色谱用硅胶 H 或硅胶 G（200～400 目），1% 羧甲基纤维素钠（CMC－Na）水溶液，三氯甲烷－甲醇－水（V∶V∶V＝32∶8∶5），0.1% 的磺胺嘧啶、磺胺甲嘧啶、磺胺二甲嘧啶的对照品甲醇溶液，2% 的对二甲氨基苯甲醛的 1mol/L 盐酸溶液（显色剂），三种磺胺类药物的混合甲醇溶液。

四、实验内容及操作步骤

1. 硅胶 CMC－Na 薄层板的制备　取 5g 硅胶 H（200～400 目）置于乳钵中，加入 1% 羧甲基纤维素钠（CMC－Na）约 15mL，研磨成糊，置于三块洁净的玻片上，用玻璃棒将糊状物涂铺于整个玻片，再在实验台上轻轻地振动玻片，使糊状物平铺于玻片上，形成均匀的薄层，然后置于水平台上自然晾干，再放入烘箱中于110℃活化1~2小时，取出置于干燥器中贮存备用。

2. 点样　用铅笔在活化后的薄层板距底边1.5~2cm处标记起始线，用平口毛细管或微量注射器分别将磺胺嘧啶、磺胺甲噻啶、磺胺二甲嘧啶的对照品溶液和样品溶液点于相应位置。

3. 展开　将点好样的薄层板置于被展开剂饱和的密闭色谱槽中，待展开至3/4~4/5高度时取出，立即用铅笔标出溶剂前沿，晾干。

4. 显色　用喷雾器将显色剂均匀地喷洒在薄层板上，即可见斑点，记录斑点的颜色。

5. 定性鉴别　用铅笔框出各斑点，直尺量出各斑点中心到原点的距离，溶剂前沿到原点的距离，计算各种磺胺类药物的R_f值，通过比较样品与对照品的R_f值进行定性鉴别。

$$R_f = \frac{原点到斑点中心的距离}{原点到溶剂前沿的距离}$$

五、实验注意事项

（1）硅胶在乳钵中研磨时，应朝同一方向研磨，且要研磨均匀，待除去气泡后，方可铺板。

（2）点样用的平口毛细管或微量注射器不能混用，点样量要适当，切忌损坏薄层板表面。

（3）展开剂应预先倒入色谱槽，使之被展开剂的蒸气饱和，展开时色谱槽应密闭。

（4）展开时样品原点不能浸入展开剂中，显色时喷雾要均匀。

思考题

（1）薄层色谱法的操作方法可分为哪几步？每一步应注意什么？

（2）若色谱槽没有预先用展开剂的蒸气饱和，将对实验有什么影响？

（3）试述磺胺嘧啶、磺胺甲噻啶、磺胺二甲嘧啶的R_f值存在差异的原因。

（杜兵兵）

实验三十七　邻甲苯胺法（O-T法）测定血清葡萄糖

一、实验目的

（1）掌握测定血糖的意义。

（2）熟悉邻甲苯胺法测定血液中葡萄糖浓度的原理。

（3）熟悉分光光度计的使用。

二、实验原理

葡萄糖的醛基与邻甲苯胺在热醋酸溶液中缩合成葡萄糖基胺，再脱水生成席夫 (Schiff) 碱，然后经分子重排，生成一组蓝绿色化合物，在 630nm 处有一最大吸收峰，其吸光度的大小在一定范围内与血糖浓度成正比。

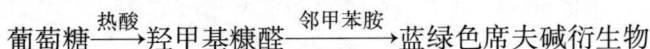

$$葡萄糖 \xrightarrow{热酸} 羟甲基糠醛 \xrightarrow{邻甲苯胺} 蓝绿色席夫碱衍生物$$

三、实验试剂

1. 邻甲苯胺试剂 取冰醋酸（AR）940mL，加入硫脲（AR）1.5g，溶解后加入邻甲苯胺 60mL 混匀，置棕色瓶中，室温密闭保存。新配制试剂应放置 24 小时（待老化）后使用。此试剂腐蚀性极强，应避免与皮肤接触而造成灼伤。

2. 12mmol/L 苯甲酸溶液 称取苯甲酸 1.4g，加入蒸馏水 900mL，加热助溶，冷却后加蒸馏水至 1000mL。

3. 葡萄糖标准贮存液（100mmol/L） 准确称取无水葡萄糖（预先置 80℃烤箱中干燥至恒重，移置干燥器内保存）1.802g，用 12mmol/L 苯甲酸液溶解，移至 100mL 容量瓶中，再以 12mmol/L 苯甲酸溶液稀释至刻度，摇匀，移入棕色试剂瓶中，置冰箱内保存。

4. 葡萄糖标准应用液（5mmol/L） 准确吸取葡萄糖标准贮存液 5.0mL，置于 100mL 容量瓶中，用 12mmol/L 苯甲酸溶液稀释至刻度。

四、实验器材

722 分光光度计、水浴锅、试管及试管架、吸量管。

五、实验操作

1. 取三支 10×15cm 的洁净试管，分别标记，按表 37−1 进行操作 各管分别混匀，置沸水浴中煮沸 12 分钟，取出置流水中冷却 5 分钟，用分光光度计在波长 630nm 处，以空白管溶液调零，测定标准管和测定管溶液的吸光度值。

2. 计算 葡萄糖浓度（mmol/L）＝（测定管吸光度/标准管吸光度）×葡萄糖标准应用液浓度。

表 37−1 邻甲苯胺法操作步骤

加入物（mL）	测定管	标准管	空白管
血清（血浆、脑脊液）	0.1	−	−
葡萄糖标准应用液	−	0.1	−
蒸 馏 水	−	−	0.1
邻甲苯胺试剂	3.0	3.0	3.0

3. 正常参考范围血清或血浆　3.9~6.1mmol/L。

4. 注意事项

（1）葡萄糖与邻甲苯胺的呈色强度与反应条件（邻甲苯胺和冰醋酸的质量、浓度、试剂配制后保存的时间以及加热温度和时间）有关，因此，各管的反应条件必须完全一致，每批测定管数不宜过多，以便能较好地控制反应条件。

（2）邻甲苯胺为浅黄色油状液体，易被氧化成红棕色，若用此种邻甲苯胺配制的试剂、空白管颜色深，反应灵敏度低，严重影响测定结果，须经一定的方法处理后方可应用。

（3）轻度溶血及中度黄疸不干扰实验，但严重溶血和黄疸干扰测定结果出现正误差。

六、临床意义

1. 生理性高血糖　可见于摄入高糖饮食或注射葡萄糖后，或精神紧张、交感神经兴奋，肾上腺分泌增加时。

2. 病理性高血糖

（1）糖尿病：病理性高血糖常见于胰岛素绝对或相对不足的糖尿病患者。

（2）对抗胰岛素的激素分泌过多：如甲状腺功能亢进、肾上腺皮质功能及髓质功能亢进、腺垂体功能亢进、胰岛 α-细胞瘤等。

（3）颅内压增高：颅内压增高（如颅外伤、颅内出血、脑膜炎等）刺激血糖中枢，出现高血糖。

（4）脱水引起的高血糖：如呕吐、腹泻和高热等也可使血糖轻度增高。

3. 生理性低血糖　饥饿或剧烈运动、注射胰岛素或口服降血糖药过量。

4. 病理性低血糖

（1）胰岛素分泌过多：由胰岛 β 细胞增生或胰岛 β 细胞瘤等引起。

（2）对抗胰岛素的激素分泌不足：如腺垂体功能减退、肾上腺皮质功能减退和甲状腺功能减退等。

（3）严重肝病患者：肝贮存糖原及糖异生功能低下，不能有效调节血糖。

七、联系专业能力

血糖浓度是反映机体内糖代谢状况的一项重要指标，血糖测定对糖尿病的诊断，疗效观察等具有重要的意义。

思考题

（1）血糖有哪些来源和去路？

（2）机体是如何维持血糖相对恒定的？

（梁树才）

实验三十八　血清丙氨酸氨基转移酶活性测定（赖氏法）

一、实验目的

（1）熟悉转氨酶活性测定的原理、方法及临床意义。

（2）验证体内的转氨基作用。

二、实验原理

丙氨酸和 α-酮戊二酸在血清丙氨酸氨基转移酶的催化下生成丙酮酸和谷氨酸，在酶反应到达规定时间时，加入 2，4-二硝基苯肼-盐酸溶液以终止反应。生成的丙酮酸与 2，4-二硝基苯肼作用，生成丙酮酸 2，4-二硝基苯腙，苯腙在碱性条件下呈红棕色。根据显色之深浅，求得血清中丙氨酸氨基转移酶的活力。

三、实验试剂

1. 0.1mol/L pH7.4 磷酸盐缓冲液　称取磷酸氢二钠（Na_2HPO_4，AR）11.928g，磷酸二氢钾（KH_2PO_4，AR）2.176g，加少量蒸馏水溶解并稀释到 1000mL。

2. 丙氨酸氨基转移酶（ALT）底物液　称取 DL-丙氨酸 [$CH_3CH(NH_2)COOH$] 1.79g，α-酮戊二酸 [$COOH(CH_2)_2COCOOH$，AR] 29.2mg 于烧瓶中，加入 0.1mol/L pH7.4 磷酸盐缓冲液 80ml，煮沸溶解后待冷，用摩尔氢氧化钠溶液调 pH 至 7.4（约加入 0.5mL），再用 0.1mol/L pH7.4 磷酸盐缓冲液稀释到 100mL，摇匀，加三氯甲烷数滴，置冰箱中可保存数周。

3. 1mmol/L 2，4-二硝基苯肼溶液　称取 2，4-二硝基苯肼 [$(NO_2)_2C_6H_3NH \cdot NH_2$，AR] 19.8mg，用 10mol/L 盐酸 10mL 溶解后，加蒸馏水至 100mL，置于棕色瓶内，冰箱保存。

4. 0.4mol/L 氢氧化钠溶液

5. 2mmol/L 丙酮酸标准液（2μmol/mL）　精确称取纯丙酮酸钠（$CH_3COCOONa$，AR）22.0mg 于 100mL 容量瓶中，加 1mol/L pH 7.4 的磷酸盐缓冲液至刻度。此液应新鲜配制，不能久放。

四、试验器材

试管、刻度吸量管、恒温水浴箱、分光光度计。

五、试验操作

（1）取 2 支试管按照表 38-1 操作。

表 38 −1 血清丙氨酸氨基转移酶（ALT）活性测定操作步骤

加入物（mL）	测定管	对照管
血清	0.1	0.1
ALT 底物液	0.5	—
混匀，置 37℃ 水浴，保温 30 分钟		
2，4 − 二硝基苯肼	0.5	0.5
ALT 底物液	—	0.5
混匀，置 37℃ 水浴，保温 20 分钟		
0.4mol/L 氢氧化钠	5.0	5.0

将上述两管分别混匀，10 分钟后，用 505nm 波长进行比色，以蒸馏水调零，读取各管吸光度值，用测定管吸光度值减去对照管吸光度值，查标准曲线或标准检量表得 ALT 活力单位。

（2）标准曲线绘制　见下表 38 − 2。

表 38 −2 血清丙氨酸氨基转移酶（ALT）活性测定标准曲线绘制操作步骤

加入物（mL）	管 号					
	0	1	2	3	4	5
丙酮酸标准液	0	0.05	0.10	0.15	0.20	0.25
ALT 底物液	0.50	0.45	0.40	0.35	0.30	0.25
pH7.4 磷酸盐缓冲液	0.10	0.10	0.10	0.10	0.10	0.10
混匀，置 37℃ 水浴，保温 30 分钟						
2，4 − 二硝基苯肼	0.50	0.50	0.50	0.50	0.50	0.50
混匀，置 37℃ 水浴，保温 20 分钟						
0.4mol/L 氢氧化钠	5.0	5.0	5.0	5.0	5.0	5.0
相当于 ALT 单位	0	28	57	97	150	200

混匀，10 分钟后，用 505nm 波长进行比色，用蒸馏水调零，读取各管吸光度值，将各管之吸光度值减去 0 号管吸光度值后，以吸光度为纵坐标，各管相应的氨基转移酶单位为横坐标，绘制成标准曲线。

（3）正常参考范围　5～25 卡门单位。

六、注意事项

（1）标本应空腹采血，当时进行测定或将分离的血清贮存于冰箱中。

（2）酶的测定结果与酶作用时间、温度、pH 及试剂加入量等有关，在操作时应准确掌握。

（3）测定试剂更换时，要重新制作标准曲线。

七、临床意义

正常时，丙氨酸氨基转移酶主要存在于各组织细胞中（以肝细胞中含量最多，心肌细胞含量也较多），只有极少量释放入血液中，所以血清中此酶活性很低。当这些组织病变，细胞坏死或通透性增加时，细胞内的酶即可大量释放入血液中，使血清中该酶的活性显著增高。所以，在各种肝炎急性期、药物中毒性肝细胞坏死等疾病时，血清丙氨酸氨基转移酶活性明显增高；肝癌、肝硬化、慢性肝炎、心肌梗死等疾病时，血清丙氨酸氨基转移酶活性中度增高；阻塞性黄疸、胆管炎等疾病时，此酶活性仅轻度增高。

八、联系专业能力

急性肝炎、药物中毒性肝炎时，血清 ALT 活性明显升高；肝癌、肝硬化、慢性肝炎、心肌梗死时，血清 ALT 活性中度升高；阻塞性黄疸、胆管炎时，血清 ALT 活性轻度升高。

思考题

（1）为什么急性肝炎患者血清中 ALT 活性明显增高？

（2）血清 ALT 活性升高有何临床意义？

（于海英）

实验三十九　血清尿素氮（BUN）的测定

血液中的含氮化合物除蛋白质外，还有一些小分子的化合物，如：尿素、尿酸、肌酸、氨基酸、胆红素、氨等。通常将血液中除蛋白质以外的含氮化合物所含的氮称为非蛋白氮（NPN）。正常人全血中 NPN 含量为 $14\sim25mmol/L$，血浆或血清中为 $14\sim21mmol/L$。它们主要是蛋白质和核酸代谢的终产物，大多数经肾脏排出体外。当肾脏功能严重受损时，排出受阻，可使血液中 NPN 含量升高。故临床上测定血液中 NPN 含量及其代谢产物的含量，对肾脏功能的诊断均有一定的临床意义。

尿素为蛋白质代谢的终产物，血液尿素氮（BUN）的含量约占 NPN 总量的一半，故 NPN 和 BUN 两者测定的临床意义相同，都能反映肾脏排泄功能。但 NPN 测定由于操作麻烦，目前临床已淘汰。尿素氮的测定经多次改进，具备快速、简便、准确而在临床检验中被广泛采用。

[二乙酰一肟显色法]

一、实验目的

（1）掌握血清尿素测定的原理、方法。

（2）熟悉血清尿素测定的临床意义。

二、实验原理

在酸性环境中加热，尿素与二乙酰作用缩合成红色色素原二嗪（Diazine）化合物。因为二乙酰不稳定，故通常由反应系统中二乙酰一肟与强酸作用产生。颜色的深浅与血清中尿素含量成正比。

三、实验试剂

1. 酸性试剂 在三角烧瓶中加蒸馏水约100mL，然后加入浓硫酸44mL及85%磷酸66mL。冷至室温，加入硫氨脲50mg及硫酸镉（$3CdSO_4 \cdot 8H_2O$）2g，溶解后用蒸馏水稀释至1L。置棕色瓶中放冰箱保存，可稳定半年。

2. 二乙酰一肟溶液 称取二乙酰一肟20g，加蒸馏水约900mL，溶解后再用蒸馏水稀释至1L。置棕色瓶中，放冰箱内可保存半年不变。

3. 尿素标准贮存液（100mmol/L） 称取干燥纯尿素0.6g溶解于水，并稀释至100mL，加0.1g叠氮钠防腐，置冰箱内可稳定6个月。

4. 尿素标准应用液（5mmol/L） 取5.0ml贮存液用无氨蒸馏水稀释至100mL。

四、实验步骤

见表39-1。

表39-1 二乙酰一肟显色法测定血清尿素氮实验步骤

试 剂（mL）	测定管	标准管	空白管
血 清	0.02	—	—
尿素标准应用液	—	0.02	—
蒸馏水	—	—	0.02
二乙酰一肟溶液	0.5	0.5	0.5
酸性试剂	5.0	5.0	5.0

混匀后，置沸水浴中加热12分钟，取出。置冷水中冷却5分钟后，用分光光度计比色，波长为540nm，以空白管调零点，读取标准管及测定管吸光度。

按下式计算血清尿素含量：

血清尿素（mmol/L）=（测定管吸光度/标准管吸光度）×5

参考值：2.86~8.2mmol/L。

五、注意事项

（1）本法线性范围达16.4mmol/L尿素，如遇高于此浓度的标本，必须用生理盐水作适当的稀释后重测，然后乘以稀释倍数报告之。

（2）20μL微量吸管必须校正，使用时务必注意清洁干净，加量务必准确。

（3）试剂中加入硫氨脲和镉离子，增进显色强度和色泽稳定性，但仍有轻度褪色现象（每小时小于5%），加热显色冷却后，应及时比色。

（4）尿液尿素亦可用此法进行测定，由于尿液中尿素含量高，标本需用蒸馏水作 1∶50 稀释。如果显色后吸光度仍超过本法的线性范围，还需将稀释尿再稀释，重新测定。

（5）尿素的毫摩尔浓度是以一个毫摩尔氮原子量（N = 14）为计量单位。尿素分子中含有两个氮原子。因此，1mmol/L 尿素氮 = 1/2 mmol/L 尿素。若用 mmol/L 尿素氮表示浓度，则本节中 mmol/L 计算式的系数极其参考值均要乘以 2。世界卫生组织推荐用尿素（mmol/L）表示浓度，但国内仍习惯用尿素氮（mmol/L）表示。

［脲酶—波氏比色法］

一、实验原理

本法测定分两个步骤，首先用尿素酶水解尿素，产生二分子氨和一分子二氧化碳。然后，氨在碱性介质中与苯酚及次氯酸反应，生成蓝色的吲哚酚，此过程需用亚硝基铁氰化钠催化反应。蓝色吲哚酚的生成量与尿素氮含量成正比，用分光光度计在 630nm 波长比色测定。

二、实验试剂

（1）酚显色剂　苯酚 10g，亚硝基铁氰化钠（含 2 分子水）0.05g，溶于 1000mL 无氨蒸馏水中，存放于 4~6℃，可保存 60 天。

（2）碱性次氯酸钠溶液　氢氧化钠 5g 溶于无氨蒸馏水中，加"安替福民"8mL（相当于次氯酸钠 0.42g），再加蒸馏水至 1000mL，置棕色瓶内冰箱存放，稳定二个月。

（3）尿素酶贮存液　尿素酶（比活性 3000~4000U/g）0.2g 悬浮于 20mL 50%（V/V）甘油中，置冰箱内可保存 6 个月。

（4）尿素酶应用液　尿素酶贮存液 1mL，加 10g/L EDTANa$_2$ 溶液（pH6.5）至 100mL，置冰箱保存可稳定一个月。

（5）尿素标准应用液同二乙酰一肟法。

三、实验步骤

1. 操作　取 16×150mm 试管三支，注明测定管、标准管和空白管，按表 39 - 2 操作。

表 39 - 2　实验步骤

试 剂（mL）	测定管	标准管	空白管
尿素酶应用液（mL）	1.0	1.0	1.0
血清（μL）	10	—	—
尿素标准应用液	—	10	—
蒸馏水（μL）	—	—	10

混匀，37℃水浴保温 15 分钟，向各管迅速加入酚显色剂 5mL，混匀，再加入碱性次氯酸钠溶液 5mL，混匀。各管置 37℃水浴保温 20 分钟，使呈色反应完全。

用分光光度计波长 630nm，用空白管调零，读取标准管和测定管吸光度。

2. 计算

尿素（mmol/L）＝（测定管吸光度/标准管吸光度）×5

参考值：2.86～8.2mmol/L。

四、附注

1. 方法 本法亦能测定尿液中尿素氮，方法如下：1mL 尿标本，加人造沸石（需预处理）0.5g，加无氨蒸馏水至 25mL，反复振荡数次，吸附尿中的游离铵盐，净置后吸取稀释尿 1.0mL，按上述操作方法进行测定，所测结果乘以稀释倍数 25。

2. 误差原因 空气中氨气对试剂或玻璃器皿的污染或使用铵盐抗凝剂可使结果偏高，高浓度氟化物可抑制尿素酶，引起结果假性偏低。

五、临床意义

血清中尿素的含量受诸多因素的影响，既有生理因素的影响，又有病理因素的影响。

（一）生理因素

（1）与摄入蛋白质的量有关。摄入的蛋白质增多，血清中尿素也随之增多，反之减少。

（2）性别差异。男性血清中的尿素比女性平均高 0.3～0.5mmol/L。

（3）血液的浓缩与稀释。如大量出汗后，因血液浓缩，尿素含量升高；大量饮水后，血液稀释，尿素含量减低。

（二）病理因素

（1）肾前性。因机体脱水，血液浓缩，肾血流量减少，使尿素潴留。

（2）肾性。如急性肾小球肾炎、肾病晚期、肾功能衰竭等。

（3）肾后性。尿路结石、前列腺肿大、膀胱肿瘤等。

思考题

哪些原因可导致血清中尿素含量升高？

（常陆林）

实验四十　血清蛋白质醋酸纤维薄膜电泳

一、实验目的

（1）掌握电泳法分离蛋白质的原理及电泳仪的操作常规。

（2）熟悉电泳法分离蛋白质的操作方法。

（3）了解电泳法分离蛋白质的临床意义。

二、实验原理

血清中各种蛋白质的等电点不同，一般在 pH7.0 以下，故在 pH > 8.6 的缓冲液中带负电荷。血清蛋白质受电场力的作用，在电场中可以向阳极泳动。由于等电点、所带电荷及颗粒大小等条件的不同，各种血清蛋白质在同一电场中泳动的速度不同。使用醋酸纤维薄膜作为载体，可将血清蛋白质分离为五条区带，从阳极端起依次为清蛋白（A）、α_1-球蛋白、α_2-球蛋白、β-球蛋白、γ-球蛋白。经染色可计算出各区带蛋白质的百分含量。

三、实验试剂

醋酸纤维薄膜、巴比妥缓冲液（pH = 8.6，离子强度 = 0.075）、染色液（氨基黑1.0g、冰醋酸20mL、甲醇100mL、加水80mL）、漂洗液（甲醇：冰醋酸：水 = 45:5:50）、氢氧化钠溶液（0.4mol/L）、透明液。

四、实验器材

1. 电泳池　平悬型，电泳架中间相距8cm。

2. 电泳仪　直流电输出220V。

五、实验步骤

1. 准备　将缓冲液到入电泳槽内，调节使两侧槽内的缓冲液在同一水平面。醋酸纤维薄膜8cm×2cm，无光泽面（粗糙面）朝向下，浸于缓冲液中，待完全浸透（约30分钟），无白斑，取出，夹于洁净的滤纸中轻轻吸去多余的液体。

2. 点样　在薄膜反光强面（光滑面）的一端用铅笔写下自己的学号后四位，于薄膜无光泽面（粗糙面）的一端1.5cm处用铅笔划一垂线作为点样线，用血清点样器沿点样线点加10μL血清。

3. 平衡　用四层滤纸或纱布将两侧槽内缓冲液吸引到电泳架上。将点样面（粗糙面）向下平悬于电泳架上，点样端置于负极，立即加盖。平衡5分钟。

4. 电泳　通电，调节电压为 100 ~ 160V（10 ~ 16V·cm^{-1}长），电流为 0.4 ~ 0.6mA·cm^{-1}宽，通电时间 40 ~ 50 分钟（冬季略长）。待电泳区带展开 25 ~ 35 mm，即可关闭电源。

5. 染色漂洗　用镊子夹住薄膜的一角，将薄膜取出，立即浸于染色液中 2 ~ 3 分钟（以清蛋白带染透为止）。然后取出移至漂洗液中漂洗脱色，每 5 分钟换一次，连续更换三次。若不定量分析，将薄膜贴在实验报告上，标出电泳方向、各条区带名称。

6. 定量分析　将漂净的薄膜上的水分吸干，剪下蛋白各区带，分别浸于 0.4mol/L NaOH 液 2.5mL 中（清蛋白浸于 5mL 0.4mol/L NaOH 中）。放 37℃ 水浴 30 分钟，振摇数次，使色泽浸出。在 722 型分光光度计上用 600 ~ 620nm 波长比色，以蒸馏水为空白，对照测定各区带蛋白吸光度（清蛋白吸光度 × 2）。

计算：吸光度总和 $T = A + \alpha_1 + \alpha_2 + \beta + \gamma$

各部分蛋白质的百分比为：

清蛋白（％）$= \dfrac{A}{T} \times 100\%$　　　　　　$\alpha_1 -$ 球蛋白（％）$= \dfrac{\alpha_1}{T} \times 100\%$

$\alpha_2 -$ 球蛋白（％）$= \dfrac{\alpha_2}{T} \times 100\%$　　　　$\beta -$ 球蛋白（％）$- \dfrac{\beta}{T} \times 100\%$

$\gamma -$ 球蛋白（％）$= \dfrac{\gamma}{T} \times 100\%$

六、注意事项

（1）血清不可滴加过多，否则将导致脱尾或分离不良。

（2）电泳槽内的缓冲液要保持清洁（数天要过滤一次），两极溶液要交替使用，每次电泳之前，连接正极、负极的线路调换使用。

（3）通电完毕，要先断开电源，再取薄膜，以免触电。

（4）严格控制染色时间。

七、附注

1. 人血清蛋白醋酸纤维薄膜电泳正常值　清蛋白 57%～72%，$\alpha_1 -$ 球蛋白 2%～5%，$\alpha_2 -$ 球蛋白 4%～9%，$\beta -$ 球蛋白 6.2%～12%，$\gamma -$ 球蛋白 12%～20%。

2. 人血清蛋白质的等电点及分子量（表 40 - 1）。

表 40 - 1　人血清蛋白质的等电点及分子量

蛋白质名称	等电点	分子量
清蛋白	4.88	69 000
$\alpha_1 -$ 球蛋白	5.06	200 000
$\alpha_2 -$ 球蛋白	5.06	300 000
$\beta -$ 球蛋白	5.12	90 000～150 000
$\gamma -$ 球蛋白	6.85～7.5	156 000～300 000

八、临床意义

1. 慢性肝炎、肝硬化时　清蛋白降低，$\gamma -$ 球蛋白升高 2～3 倍。

2. 肾病综合征时　清蛋白降低，α_2 及 $\beta -$ 球蛋白升高。

3. 结缔组织病（如红斑狼疮、类风湿性关节炎等）　清蛋白降低，$\gamma -$ 球蛋白显著升高。

4. 多发性骨髓瘤时　β 和 $\gamma -$ 球蛋白区带之间出现"M"带，清蛋白降低，$\gamma -$ 球蛋白升高。

思考题

（1）电泳分离血清蛋白质的原理是什么？

（2）电泳实验时，应该注意哪几个关键环节？

（3）此法可将血清蛋白质依次分为哪几个区带？有何临床意义？

（常陆林）

第五章　基本原理实验

实验四十一　解离平衡和沉淀反应

一、实验目的

（1）加深理解电解质解离的特点以及解离平衡的移动，巩固 pH 的概念。

（2）学会缓冲溶液的配制，了解缓冲溶液的缓冲原理。

（3）通过沉淀的生成和溶解，掌握溶度积规则。

二、实验原理

电解质分为强电解质和弱电解质，强电解质在水溶液中完全电离，而弱电解质在水溶液中只部分电离。弱电解质的电离是可逆的，存在电离平衡。电离平衡是化学平衡的一种形式，符合化学平衡移动原理。

能抵抗外来少量强酸、强碱或适当稀释而保持 pH 基本不变的溶液叫缓冲溶液。缓冲溶液一般是由弱酸及其盐、弱碱及其盐、多元弱酸的酸式盐及其次级盐组成。缓冲溶液的 pH 可用下式计算：

$$pH = pK_a + \lg \frac{c_b}{c_a} 或 pH = pK_A + \lg \frac{n_A}{n_{HA}}$$

溶度积常数 K_{sp} 表示难溶电解质饱和溶液中各离子浓度幂的乘积。

离子积 Q 表示任一条件下难溶电解质溶液中各离子浓度幂的乘积。

溶度积规则指：

（1）$Q = K_{sp}$ 表示溶液是饱和的。这时溶液中的沉淀与溶解达到动态平衡，既无沉淀析出又无沉淀溶解。

（2）$Q < K_{sp}$ 表示溶液是不饱和的。溶液无沉淀析出，若加入难溶电解质，则会继续溶解。

（3）$Q > K_{sp}$ 表示溶液为过饱和。溶液会有沉淀析出。

三、实验材料

仪器：精密 pH 试纸，试管。

试剂：0.1 mol/L HCl 溶液，0.1 mol/L 醋酸溶液，0.1 mol/L NaOH 溶液，

0.1 mol/L氨水溶液，溴甲酚绿指示剂，NaAc固体，酚酞指示剂，NH₄Cl固体，0.1mol/L NaH₂PO₄溶液，0.1mol/L Na₂HPO₄溶液，0.1mol/L NaAc溶液，0.1mol/L Na₂CO₃溶液，0.1mol/L NaHCO₃溶液，0.1mol/L NH₄Cl溶液，0.1mol/L NH₄Ac溶液，0.1mol/L的FeCl₃溶液，0.1mol/L AgNO₃溶液，0.1mol/L KI溶液，CaCO₃固体，2mol/L HCl溶液，0.1mol/L K₂CrO₄溶液，0.1mol/L NaCl溶液。

四、实验内容及操作步骤

1. 强弱电解质溶液pH的测定　用pH试纸测定：0.1 mol/L HCl溶液、0.1mol/L醋酸溶液、0.1mol/L NaOH溶液、0.1mol/L氨水溶液的pH（用玻璃棒蘸取待测液体，滴在pH试纸上，把试纸颜色与标准比色卡比对，最接近颜色对应值即待测液体pH），并与计算值相比较。根据所测数据，将上述溶液pH按由小到大顺序排列。

2. 同离子效应

（1）在试管中加入2mL 0.1mol/L醋酸溶液、2滴溴甲酚绿指示剂（变色范围是pH=3.8至5.4，酸色为黄色，碱色为蓝色），观察溶液颜色；再加入少量NaAc固体，振荡，观察溶液的颜色变化。

（2）在试管中加入2mL 0.1mol/L氨水溶液和1滴酚酞指示剂，观察溶液颜色；然后再加入少量NH₄Cl固体，振荡，观察溶液的颜色变化。

3. 缓冲溶液

（1）取0.1 mol/L NaH₂PO₄和0.1mol/L Na₂HPO₄各15mL混合均匀，用精密pH试纸测定溶液的pH，并与计算值相比较。

（2）将上述混合溶液分成两份，一份加入2滴0.1mol/L HCl溶液，一份加入2滴0.1mol/L NaOH溶液，分别测其pH，并与原溶液pH相比较。解释上述实验现象。

4. 盐类的水解

（1）用pH试纸测定下列溶液的pH：0.1mol/L NaAc溶液、0.1mol/L Na₂CO₃溶液、0.1mol/L NaHCO₃溶液、0.1mol/L NH₄Cl溶液、0.1mol/L NH₄Ac溶液。并与计算值相比较。

（2）分别取0.1mol/L的FeCl₃溶液3mL于三支试管中，观察溶液的颜色和状态；取其中一支试管在酒精灯上加热，观察有什么变化；在另两支试管中分别加入0.1mol/L HCl溶液和0.1mol/L NaOH溶液，观察试管有什么变化。解释上面的实验现象。

5. 沉淀的生成和溶解

（1）沉淀的生成和转化：在试管中加入3滴0.1mol/L AgNO₃溶液，加水稀释至1mL，滴加0.1mol/L NaCl溶液，观察现象。再滴加0.1mol/L KI溶液，充分振荡，观察沉淀颜色有无变化，解释原因。

（2）沉淀的溶解：取绿豆大小的CaCO₃固体放入试管中，加入1mL蒸馏水，观察CaCO₃是否溶解，再滴加2mol/L HCl溶液，观察有什么现象发生。

（3）分步沉淀：取支试管，加入2滴0.1mol/L NaCl溶液和1滴0.1mol/L K₂CrO₄溶液，加水稀释到4mL。逐滴加入0.1mol/L AgNO₃溶液，每加一滴都要充分振荡，观察沉淀的生成及沉淀颜色的变化。解释原因。

五、实验注意事项

测定溶液的 pH 时，切勿将 pH 试纸插入到待测溶液中，以免污染待测溶液。应用玻璃棒蘸取少量待测溶液，点滴到 pH 试纸中部，显色后与比色卡比较。

思考题

（1）相同浓度的醋酸和盐酸溶液 pH 是否相同？

（2）配制 $FeCl_3$ 溶液为什么要加入少量的盐酸？

（3）促使难溶电解质沉淀溶解的方法有哪些？

（丁素君）

实验四十二　氧化还原反应

一、实验目的

（1）深入理解电极电势与氧化还原反应的关系，了解浓度和酸度对氧化还原反应的影响。

（2）学习用酸度计测定原电池的电动势。了解离子浓度的改变对原电池电动势的影响。

二、实验原理

（1）氧化还原反应的过程即电子的转移过程。在反应中氧化剂得电子，还原剂失电子。这种得失电子能力的大小，或者说氧化还原能力的强弱与物质的本性有关，氧化还原能力可用它们的氧化态/还原态（如 Fe^{3+}/Fe^{2+}，I_2/I^-，Cu^{2+}/Cu）所组成的电对的电极电势的相对高低来衡量。

（2）任何一个氧化还原反应，原则上都可以设计成原电池。利用原电池的电动势可以判断氧化还原反应进行的方向。由氧化还原反应组成的原电池，E^θ 在标准状态下，如果电池的标准电动势 $E^\theta > 0$，则电池反应能自发进行；如果电池的标准电动势 $E^\theta < 0$，则电池反应不能自发进行。在非标准状态下，则用该状态下的电动势来判断。

从原电池的电动势与电极电势之间的关系来看，只有 $\varphi_{(+)} > \varphi_{(-)}$ 时，氧化还原反应才能自发地向正反应方向进行。也就是说，氧化还原反应自发进行的方向，总是由两电对中电极电势较高的氧化态氧化电极电势较低的还原态。

（3）在 25℃时，电极反应：氧化态 + ne ——→还原态

$$\varphi = \varphi^{\theta} + \frac{0.05916}{n} \lg \frac{[\text{氧化态}]}{[\text{还原态}]}$$

从 Nernst 方程可以看出，在 25℃时，影响电极电势的因素为电极的本性（氧化态的氧化能力和还原态的还原能力）和电极反应中氧化态及还原态的浓度。

一定温度下，φ 值越大，则电对中氧化态的氧化能力越强；φ 值越小，则表示还原能力越强。

（4）原电池的电动势为正、负极的电极电势之差：

$$E = \varphi^{+} - \varphi^{-}$$

单独的电极电势是无法测量的，在实验中测量的是两个电对组成原电池的电动势，在本实验中使用 pHS-25 型酸度计来测量原电池的电动势。

三、实验材料

仪器：pHS-25 型酸度计、导线、电极架、烧杯（50mL、100 mL）、玻璃棒、洗瓶、盐桥、锌片、铜片、碳棒、淀粉-碘化钾试纸。

试剂：1mol/L $CuSO_4$ 溶液、1mol/L $ZnSO_4$ 溶液、0.1mol/LKI 溶液、0.1mol/L $FeCl_3$ 溶液、0.1mol/L KBr 溶液、饱和碘水、饱和溴水、0.1mol/L $FeSO_4$ 溶液、0.1mol/L $K_2Cr_2O_7$ 溶液、（0.5mol/L、3mol/L、6mol/L）H_2SO_4 溶液、6mol/L NaOH 溶液、1mol/L HCl 溶液、3mol/L HAc、（0.01mol/L、0.1mol/L）$KMnO_4$ 溶液、0.5mol/L $Na_2S_2O_3$ 溶液、0.1mol/L Na_2SO_3 溶液、饱和 KCl 溶液、浓盐酸、浓氨水、四氯化碳、蒸馏水、MnO_2、琼脂。

四、实验内容及操作步骤

（一）氧化还原反应和电极电势

（1）取 1 支试管往其中加入 0.5mL 0.1 mol/L KI 溶液，再加入 2 滴 0.1mol/L $FeCl_3$ 溶液，摇匀后再加入 0.5mLCCl$_4$ 充分振荡，观察 CCl$_4$ 层的颜色有何变化。

用 0.1mol/L 的 KBr 溶液代替 0.1mol/L 的 KI 溶液进行同样实验，观察反应现象并解释原因。

根据上述实验结果，定性地比较 Br_2/Br^-，I_2/I^-，Fe^{3+}/Fe^{2+} 三个电对电极电势的相对高低（即代数值相对大小），并指出哪个物质是最强的氧化剂，哪个是最强的还原剂。说明电极电势与氧化还原反应方向的关系。

（2）分别用饱和碘水和饱和溴水 2 滴，与 0.1mol/L $FeSO_4$ 溶液 6 滴作用，观察现象。说明电极电势与氧化还原反应方向的关系。

1. 浓度对电极电势的影响

（1）在 100mL 烧杯中加入 30mL 1mol/L $CuSO_4$ 溶液，在另一个 100mL 烧杯中加入 30mL 1mol/L $ZnSO_4$ 溶液，然后在 $CuSO_4$ 溶液中插入铜片，在 $ZnSO_4$ 溶液中插入锌片，

（二）浓度和酸度对电极电势的影响

中间用事先制好的盐桥①相通，组成原电池，通过导线将铜片接入酸度计的正极，锌片接入酸度计的负极插孔，测量其电势差。

（2）取下盛 $CuSO_4$ 溶液的烧杯，在其中滴加浓氨水，搅拌，至生成的沉淀完全溶解，形成深蓝色的溶液：

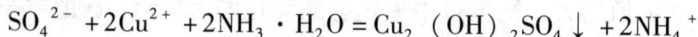

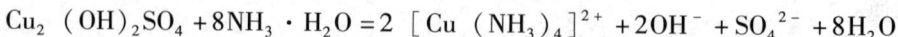

$$SO_4^{2-} + 2Cu^{2+} + 2NH_3 \cdot H_2O = Cu_2 (OH)_2 SO_4 \downarrow + 2NH_4^+$$

$$Cu_2 (OH)_2 SO_4 + 8NH_3 \cdot H_2O = 2 \left[Cu (NH_3)_4 \right]^{2+} + 2OH^- + SO_4^{2-} + 8H_2O$$

测量电势差，观察有何变化，并解释原因。

（3）再取下盛 $ZnSO_4$ 溶液的烧杯，在其中滴加浓氨水至生成的沉淀完全溶解为止：

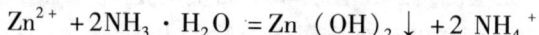

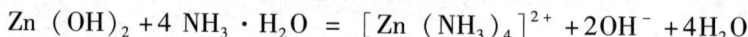

$$Zn^{2+} + 2NH_3 \cdot H_2O = Zn (OH)_2 \downarrow + 2NH_4^+$$

$$Zn (OH)_2 + 4NH_3 \cdot H_2O = \left[Zn (NH_3)_4 \right]^{2+} + 2OH^- + 4H_2O$$

测量电势差，观察其值又有何变化，试利用能斯特方程式解释实验现象。

2. 酸度对电极电势的影响 在 2 只 50mL 烧杯中，分别注入 20mL 0.1mol/L $FeSO_4$ 溶液和 0.1 mol/L $K_2Cr_2O_7$ 溶液。在 $FeSO_4$ 溶液中插入铁片，$K_2Cr_2O_7$ 溶液中插入炭棒，中间以盐桥相通，组成原电池。将铁片和炭棒通过导线分别与酸度计的负极和正极相接，近似测量两极间的电势差。

在 $K_2Cr_2O_7$ 溶液中，慢慢加入 5 滴 6mol/L H_2SO_4 溶液，混合均匀，观察电势差变化；再逐滴加入 2mL 6mol/L NaOH 溶液，混合均匀，观察电势差又有何变化？解释之。

（三）浓度和酸度对氧化还原反应方向的影响

1. 浓度的影响 取 2 支干燥试管中分别加入少量（黄豆大小）MnO_2，分别加入 5 滴 1mol/L HCl 溶液和 5 滴浓 HCl，用湿润的淀粉 – 碘化钾试纸检验是否有气体生成，观察现象并解释之。

2. 酸度的影响

（1）取 2 支试管各加入 1mL 0.1mol/L KBr 溶液，再分别加入 1mL 3mol/L H_2SO_4 溶液和 1mL 3mol/L HAc 溶液，然后再向两试管中分别加入 2 滴 0.1mol/L $KMnO_4$ 溶液，观察两试管中紫红色褪去的快慢，并解释原因。

（2）在 3 支试管中，各加入 1mL 0.5mol/L $Na_2S_2O_3$ 溶液，向第 1 支试管中加入 0.5mL 3mol/L H_2SO_4 溶液，第 2 支试管中加入 0.5mL 6mol/L NaOH 溶液，第 3 支试管中加入 0.5mL 蒸馏水，摇匀。然后向 3 支试管中各加入 2 滴 0.1mol/L $KMnO_4$ 溶液，观察各试管现象，并解释原因。

（四）氧化还原电对中物质的氧化还原性

取 3 支试管，各加入 0.01mol/L $KMnO_4$ 溶液 2 滴；再在第 1 支试管中加入 10 滴 0.5mol/L H_2SO_4 溶液，第 2 支试管中加入 10 滴蒸馏水，第 3 支试管中加入 10 滴 6mol/L NaOH 溶液，混合后往 3 支试管中逐滴加入 0.1mol/L 的 Na_2SO_3 溶液。观察实验现象，并解释原因。

---

① 称取 1g 琼脂放在锥形瓶中，加入 100mL 饱和 KCl 溶液，浸泡片刻，于水浴中加热溶解煮成糊状，然后趁热用滴管将此溶液装入干净的 U 型管中，U 型管中以及两端不能留有气泡），冷却后待用（由实验老师预先完成）。

五、实验注意事项

（1）进行原电池电动势测定前，用砂纸将锌板和铜板上的杂质磨去（以免增大电阻），用自来水、去离子水依次清洗，用滤纸擦干备用。

（2）多组同学同用一支盐桥时，应将盐桥两端固定，使一端始终插入 $CuSO_4$ 溶液（第二次及以后使用时该端琼脂呈 $CuSO_4$ 的蓝色），另一端插入 $ZnSO_4$ 溶液（该端琼脂仍呈琼脂的乳白色）。

（3）进行 MnO_4^- 与 SO_3^{2-} 的反应时，在中性（或弱酸、弱碱性）溶液中，应仔细观察反应后液体的情况，最好用白纸衬底，因 MnO_4^- 紫红色褪去后刚生成的棕黄色 MnO_2 沉淀，既少又小并悬浮在液体中，不仔细观察则会错认为无沉淀生成。也可在反应试管静置一段时间后观察试管底部沉降的沉淀。在强碱溶液中，反应生成绿色的 MnO_4^{2-} 溶液。在碱性条件下反应时，Na_2SO_3 用量不可过多，否则，多余的 Na_2SO_3 会与产物 Na_2MnO_4 生成 MnO_2。

（4）用 pHS-25 型酸度计测量原电池电动势：① 预热。按下电源开关。选择"mV"档。仪器预热 30 分钟；② 电极连线。通过导线把原电池负极与仪器"-"极相连，原电池正极与仪器"+"极相连。（电极使用前用砂纸打磨干净）；③ 测量。把电极插在被测溶液中，架上盐桥，即可读出该原电池的电动势；④ 测量完毕，使各部位复原。

思考题

（1）影响电极电势的因素有哪些？如何影响？

（2）试比较 $KMnO_4$ 在何种条件下氧化性最强？说明原因。

（3）用 0.1mol/L KI、3mol/L H_2SO_4、3% H_2O_2、0.01mol/L $KMnO_4$ 设计一个实验，证明 H_2O_2 既有氧化性又有还原性。

（张 静）

实验四十三 醋酸电离常数和电离度的测定

一、实验目的

（1）学会用 pH 法测定醋酸的电离常数和电离度。

（2）学会正确使用 pH 计。

（3）巩固溶液配制的操作，练习酸碱滴定法的基本操作。

二、实验原理

醋酸（CH_3COOH 或 HAc）是一元弱酸，在水溶液中存在下列电离平衡：

$$HAc \rightleftharpoons H^+ + Ac^-$$

平衡时有：$K_a = \dfrac{[H^+][Ac^-]}{[HAc]}$

在纯的 HAc 溶液中，设 c 为 HAc 的起始浓度，

则平衡时 $[H^+] = [Ac^-] = c(1-\alpha)$

则 $a = \dfrac{[H^+]}{c} \times 100\%$ $K_i = \dfrac{[H^+][Ac^-]}{HAc} = \dfrac{[H^+]^2}{c-[H^+]}$

当 $\alpha < 5\%$ 时，$c - [H^+] \approx c$，故 $K_i = \dfrac{[H^+]^2}{c}$

根据以上关系，在一定温度下，利用酸度计测定一系列已知浓度的 HAc 溶液的 pH，按 pH $= -\log[H^+]$ 换算为 $[H^+]$，根据 $[H^+] = c\alpha$，即可求得醋酸的电离度 α 和 $c\alpha^2/(1-\alpha)$ 值。

在一定温度下，$c\alpha^2/(1-\alpha)$ 值近似地为一常数，所取得的一系列 $c\alpha^2/(1-\alpha)$ 的平均值，即为该温度时醋酸的电离常数 K_i。

三、实验材料

仪器：100mL 烧杯、250mL 锥形瓶、酸式滴定管、碱式滴定管、25mL 移液管、胶头滴管、酸度计。

试剂：0.1 mol/L HAc 溶液、0.1 mol/L NaOH 溶液、酚酞指示剂、蒸馏水。

四、实验内容及操作步骤

1. HAc 溶液浓度的标定（若实验时间不够，可先由实验室标定）   用移液管精确量取 25.00 mL 0.1 mol/L HAc 溶液，置于 250mL 锥形瓶中，加入 2~3 滴酚酞指示剂。用 0.1 mol/L NaOH 标准溶液滴定至溶液呈浅红色，经摇荡后 30 秒内不褪色为止，记下滴定前和滴定终点时滴定管中 NaOH 液面的读数（小数点后两位），即得滴定所用 NaOH 溶液的体积。平行测定三次（精确度要求：$\triangle V \leqslant 0.2mL$），求其平均值，计算 HAc 的浓度（计算结果保留四位有效数字）。将相关数据和实验结果填入表 43-1：

表 43-1 HAc 溶液浓度的标定

滴定序号	1	2	3
NaOH 标准溶液的浓度 C_{NaOH}（mol/L）			
需用 HAc 溶液的体积 V_{HAc}（mL）			
消耗 NaOH 标准溶液的体积 V_{NaOH}（mL）			
HAc 溶液的浓度 $C_{HAc测}$（mol/L）（测定值）			
HAc 溶液的浓度 $\overline{C_{HAc}}$（mol/L）（平均值）			

2. 配制不同浓度的 HAc 溶液   在 4 只干燥的 100mL 烧杯（1~4 编号）中，用酸

式滴定管分别加入已标定的 HAc 溶液 48.00mL、24.00mL、6.00mL、2.00mL（注意接近所要刻度时应一滴一滴地加入）。然后，再用另一盛有蒸馏水的滴定管（酸式或碱式均可）往编号为 2、3、4 的烧杯中分别加入 24.00mL、42.00mL、46.00mL 蒸馏水（使各溶液的体积均为 48.00mL），并混合均匀，计算各份 HAc 溶液的准确浓度。并填入表 43 – 2 中。

3. 测定 HAc 溶液的 pH，计算醋酸的电离度和电离平衡常数　按由稀到浓的次序，用 pH 计分别测定上述各种浓度 HAc 溶液的 pH，记录数据和室温。计算电离度和电离平衡常数，并将有关数据填入表 43 – 2 中。

表 43 – 2　不同浓度 HAc 溶液的配制和 pH 的测定　　温度_____℃

溶液编号	c（HAc）（mol/L）	pH	[H$^+$]（mol/L）	电离度 α %	电离平衡常数 K_a 测定值	平均值
1						
2						
3						
4						

本实验测定的 K_a 在 $1.0 \times 10^{-5} \sim 2.0 \times 10^{-5}$ 范围内合格（25℃的文献值为 1.76×10^{-5}）。

五、实验注意事项

（1）配制不同浓度 HAc 溶液的小烧杯应清洗洁净，并用滤纸擦干待用。

（2）测定醋酸溶液前应将复合电极用蒸馏水清洗并用滤纸将玻璃表面水分吸干。

（3）测定溶液 pH 时，一定要按照由稀到浓的顺序操作，以避免可能残留在电极上的浓酸对稀酸 pH 产生影响造成误差；小烧杯里校正定位用的标准 pH 缓冲溶液不能倒掉。

（4）数据处理结果：浓度 c，四位有效数字；pH，读到小数点后两位；[H$^+$]、α、K_a，两位有效数字。

思考题

（1）不同浓度的醋酸溶液的电离度是否相同？电离常数是否相同？

（2）"电离度越大，酸度越大"，这句话是否正确？

（3）测定醋酸的 K_a 时，醋酸溶液的浓度必须精确测定，而测定未知酸的 K_a 时，酸和碱的浓度都不必测定，只要正确掌握滴定终点即可，为什么？

（张　静）

实验四十四　化学反应速率与活化能的测定

一、实验目的

（1）理解浓度、温度和催化剂对化学反应速率的影响。

（2）通过测定过二硫酸铵与碘化钾的反应速率，计算反应级数、反应速率常数和活化能。

二、实验原理

过二硫酸铵与碘化钾在水溶液中发生如下反应：

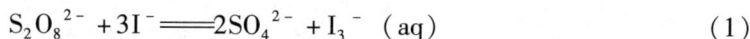

$$S_2O_8^{2-} + 3I^- \Longrightarrow 2SO_4^{2-} + I_3^- \quad (aq) \tag{1}$$

该反应的平均反应速率为：

$$\bar{v} = -\frac{\Delta c_{S_2O_8^{2-}}}{\Delta t} = kc_{S_2O_8^{2-}}^m \cdot c_{I^-}^n$$

式中：$\bar{v}$ 为反应的平均速率；$\Delta c_{S_2O_8^{2-}}$ 为在 Δt 时间内 $S_2O_8^{2-}$ 的浓度变化；为 $c_{S_2O_8^{2-}}$ 的起始浓度；为 c_{I^-} 的起始浓度；k 为该反应的速率常数；m、n 分别为反应物 $S_2O_8^{2-}$ 和 I^- 的反应级数，总反应级数为 $m+n$。

本实验测定的是一段时间 Δt 内反应的平均速率 r，由于在 Δt 时间内本反应的 r 变化较小，故可用平均速率近似代替起始速率。即：

$$r_0 = kc_{S_2O_8^{2-}}^m \cdot c_{I^-}^n = \frac{-\Delta c_{S_2O_8^{2-}}}{\Delta t}$$

为了能测出反应在 Δt 时间内 $S_2O_8^{2-}$ 浓度的改变量，需要在混合 $(NH_4)_2S_2O_8$ 和 KI 溶液的同时，加入一定体积已知浓度的 $Na_2S_2O_3$ 溶液和淀粉溶液，这样在（1）进行的同时还进行着另一反应：

$$2S_2O_3^{2-} + I_3^- \Longrightarrow S_4O_6^{2-} + 3I^- \tag{2}$$

此反应几乎是瞬间完成，（1）反应比（2）反应慢得多。因此，反应（1）生成的 I_3^- 立即与 $S_2O_3^{2-}$ 反应，生成无色 $S_4O_6^{2-}$ 和 I^-，因此，在开始一段时间内，看不到碘与淀粉作用所显示的蓝色，但当 $S_2O_3^{2-}$ 用尽，反应（1）继续生成的微量 I_3^- 与淀粉作用，使溶液显示出蓝色。根据此原理及从反应（1）和反应（2）可看出，从反应开始到溶液出现蓝色所需的时间 Δt 内，$S_2O_8^{2-}$ 浓度的改变量为 $S_2O_3^{2-}$ 在溶液中浓度的一半。由于溶液呈现蓝色标志着 $S_2O_3^{2-}$ 全部耗尽，所以，从反应开始到出现蓝色这段时间 Δt 内，$S_2O_3^{2-}$ 浓度的改变实际上就是 $S_2O_3^{2-}$ 的初始浓度。由此，可计算出平均反应速率，再根据平均反应速率和反应物浓度的关系，进而求出反应级数和反应速率常数。

根据阿伦尼乌斯（Arrhenius）公式，反应速率常数与温度的关系：

$$\ln k = -\frac{Ea}{RT} + \ln A$$

式中：k 为速率常数，Ea 为反应的活化能；R 为摩尔气体常数（8.314 J·K^{-1}·mol^{-1}）；A 为指前因子，单位同 k；T 为绝对温度。因此，可通过改变反应的温度，测得不同温度下的反应速率，此时可用反应速率代替反应速率常数，进而求得反应的活化能。

三、实验材料

仪器：恒温水浴锅 1 台，烧杯（50 mL）5 个，量筒（10 mL 4 个，5 mL 2 个），秒表，温度计，玻璃棒，大试管 3 个，冰。

试剂：（NH$_4$）$_2$S$_2$O$_8$（0.20mol/L），KNO$_3$（0.20mol/L），Na$_2$S$_2$O$_3$（0.010mol/L），Cu（NO$_3$）$_2$（0.02mol/L），KI（0.20mol/L），（NH$_4$）$_2$SO$_4$（0.20mol/L），淀粉溶液（0.4%）。

四、实验内容及操作步骤

（一）浓度对化学反应速率的影响

在室温条件下，按表 44-1 所设计的试剂量，共设计有五组实验。本实验通过加入不同体积的 0.10 mol/L KNO$_3$ 和 0.20 mol/L（NH$_4$）$_2$SO$_4$ 溶液，使各组实验的总体积、离子强度保持不变，达到实验具有可比性。

按下面步骤进行实验：

（1）取 5 个 50mL 小烧杯，编号Ⅰ、Ⅱ、Ⅲ、Ⅳ、Ⅴ，按照表 44-1 所示，用量筒分别量取 10.0 mL 0.20 mol/L KI 溶液、4.0 mL 0.010 mol/L Na$_2$S$_2$O$_3$ 溶液和 1.0 mL 0.4% 的淀粉溶液，全部加入烧杯Ⅰ中，混合均匀。

（2）用另一量筒取 10.0 mL 0.20 mol/L（NH$_4$）$_2$S$_2$O$_8$ 溶液，迅速倒入上述混合液中，同时用秒表开始计时，待溶液出现蓝色，立即停止计时，并记录时间变化（Δt）。

在实验过程中，需要注意以下几个步骤：① KI、Na$_2$S$_2$O$_3$、淀粉、KNO$_3$、（NH$_4$）$_2$SO$_4$ 可使用同一个量筒量取，（NH$_4$）$_2$S$_2$O$_8$ 必须单独使用一个量筒；②加入（NH$_4$）$_2$S$_2$O$_8$ 溶液后，出现蓝色后立即按停秒表。

用同样的方法按照表 44-1 的用量进行编号Ⅱ、Ⅲ、Ⅳ、Ⅴ的实验。

表 44-1　浓度对反应速率的影响

	实 验 编 号	Ⅰ	Ⅱ	Ⅲ	Ⅳ	Ⅴ
	0.20 mol/L（NH$_4$）$_2$S$_2$O$_8$	10.0	5.0	2.50	10.0	10.0
	0.20 mol/L KI	10.0	10.0	10.0	5.0	2.50
试剂用量	0.010 mol/L Na$_2$S$_2$O$_3$	4.0	4.0	4.0	4.0	4.0
（mL）	0.4% 淀粉溶液	1.0	1.0	1.0	1.0	1.0
	0.20 mol/L KNO$_3$	0	0	0	5.0	7.5
	0.20 mol/L（NH$_4$）$_2$SO$_4$	0	5.0	7.50	0	0

续表

实 验 编 号		I	II	III	IV	V
混合液中反应的起始浓度（mol/L）	$(NH_4)_2S_2O_8$					
	KI					
	$Na_2S_2O_3$					
反应时间 Δt（s）						
$S_2O_8^{2-}$ 的浓度变化（mol/L）						
反应速率 r						

（二）温度对化学反应速率的影响

按表 44 – 1 编号 IV 中的药品用量将 KI，$Na_2S_2O_3$，0.4% 淀粉和 KNO_3 加入到一大试管中，再加入 2 滴 0.02mol/L Cu$(NO_3)_2$ 溶液，摇匀后，迅速加入 $K_2S_2O_8$ 溶液，振荡试管，分别在低于室温（5℃）、室温和高于室温（50℃）下，做温度对化学反应速率的影响。实验如表 44 – 2 所示。具体做法为：选取 2 支大试管，一支按实验 IV 药品用量加入 0.20mol/L KI，0.4% 淀粉，0.010 mol/L $Na_2S_2O_3$，0.20mol/L KNO_3 和 0.20mol/L $(NH_4)_2SO_4$ 混合溶液，另一支加入 0.2mol/L $K_2S_2O_8$ 溶液，然后将两支大试管同时放入冰水浴中冷却，待它们的温度冷却到 5℃ 时，把两个试管中的溶液进行混合，同时启动秒表，并不断搅拌。当溶液刚出现蓝色时，停止计时，并记录反应时间。此实验编号为 VI。

同样方法在 50℃ 热水浴中做高于室温的实验，此实验编号为 VII。

将此两次的实验数据 VI、VII 和实验 IV 的数据记入表 44 – 2 中进行比较。

表 44 – 2　温度对反应速率的影响

实 验 编 号	VI	IV	VII
反应温度 t/℃	5（℃）	室温（℃）	50（℃）
反应时间 $\triangle t$/s			
反应速率 r			

（三）催化剂对化学反应速率的影响

按表 44 – 1 中实验编号 IV 的试剂用量将 KI，$Na_2S_2O_3$，0.2% 淀粉和 KNO_3 加入到一大试管中，再加入 2 滴 0.02 mol/L Cu$(NO_3)_2$ 溶液，摇匀后，迅速加入 $K_2S_2O_8$ 溶液，振荡试管，记下反应时间，将此实验的反应速率与实验编号 IV（不加催化剂）的反应速率定性的进行比较，得出结论。

表 44 – 3　催化剂对反应速率的影响

实 验 编 号	存在 Cu$(NO_3)_2$	无 Cu$(NO_3)_2$
反应时间 $\triangle t$/s		
反应速率 r		

（四）数据处理

1. 反应级数和反应速率常数的计算

$$r = kc_{S_2O_8^{2-}}^{m} \cdot c_{I^-}^{n}$$

两边取对数： $\lg r = m\lg c_{S_2O_8^{2-}} + n\lg c_{I^-} + \lg k$

当 c_{I^-} 不变（实验 I、II、III）时，以 $\lg r$ 对 $\lg c_{S_2O_8^{2-}}$ 作图，得直线，斜率为 m。同理，当 $c_{S_2O_8^{2-}}$ 不变（实验 I、IV、V）时，以 $\lg r$ 对 $\lg c_{I^-}$ 作图，得 n，此反应级数为 $m+n$。利用实验 I 组实验数据即可求出反应速率常数 k。

表 44 – 4　催化剂对反应速率的影响

实 验 编 号	I	II	III	IV	V
$\lg r$					
$\lg c_{S_2O_8^{2-}}$					
$\lg c_{I^-}$					
M					
N					
反应速率常数 k					

2. 反应活化能的计算

$$\lg k = A - \frac{Ea}{2.30RT}$$

测出不同温度下的 k 值，以 $\lg k$ 对 $\frac{1}{T}$ 作图，得直线，斜率为 $-\dfrac{Ea}{2.30R}$，可求出反应的活化能 Ea。

表 44 – 5　催化剂对反应速率的影响

实 验 编 号	VI	VII	IV
反应速率常数 k			
$\lg k$			
$\dfrac{1}{T}$			
反应活化能 Ea			

思考题

（1）若不用 $S_2O_8^{2-}$，而用 I^- 或 I_3^- 的浓度变化来表示反应速率，则反应速率常数 k 和反应速率 v 是否一样？

（2）对 $Na_2S_2O_3$ 用量过多或过少对实验结果有何影响？

（3）若不用 $S_2O_8^{2-}$ 而改用 I^- 或 I_3^- 的浓度变化来表示反应速率，则反应速率常数 k 是否一样？

（4）下列操作情况对反应结果有何影响？

①先加（NH_4）$_2S_2O_8$ 溶液，后加 KI 溶液。

②慢慢加入（NH_4）$_2S_2O_8$ 溶液。

（眭超霞）

实验四十五 配合物的生成及性质

一、实验目的

（1）熟练掌握配离子的生成（组成）和解离等操作。
（2）学会区别配离子和简单离子，学会比较配离子的相对稳定性。

二、实验原理

由金属离子（原子）和一定数目的中性分子或阴离子按一定的空间构型以配位键结合的复杂离子称配离子，由配离子和反离子构成的化合物称为配合物。在配离子中，形成体和配位体以配位键相结合，比较稳定。但配离子的稳定性是相对的，在溶液中还是可以微弱地解离为形成体和配位体。

根据难溶盐溶解度的不同和配离子稳定性的差异，离子间沉淀的溶解和生成以及配离子的形成和解离，可以在一定条件下相互转化：AgCl 沉淀→ $[Ag(NH_3)_2]^+$ → AgBr 沉淀→ $[Ag(S_2O_3)_2]^{3-}$ →AgI 沉淀→ $[Ag(CN)_2]^-$ →Ag_2S 沉淀。

三、实验材料

仪器：试管。

试剂：0.1mol/L $CuSO_4$ 溶液，1mol/L $BaCl_2$ 溶液，2mol/L NaOH 溶液，6 mol/L 氨水，饱和 $CuSO_4$ 溶液，95% 酒精，0.25mol/L $HgCl_2$ 溶液，0.1mol/L KI 溶液，2mol/L 氨水，0.1mol/L NaCl 溶液，6mol/L HNO_3 溶液，0.1mol/L $Na_2S_2O_3$ 溶液，0.1mol/L NaBr 溶液，0.1mol/L $AgNO_3$ 溶液。

四、实验内容及操作步骤

1. 配合物的生成和组成

（1）取试管两支，各加入 5 滴 0.1mol/L $CuSO_4$ 溶液，然后分别加入 1 滴 1mol/L $BaCl_2$ 溶液和 2mol/L NaOH 溶液，观察现象（即检验 SO_4^{2-} 和 Cu^{2+} 的方法）。

（2）另取两支试管，分别加 10 滴 0.1mol/L $CuSO_4$ 溶液，再分别逐滴加入 6mol/L 氨水至生成深蓝色溶液，再多加数滴。然后分别加入 2 滴 1mol/L $BaCl_2$ 溶液和 2mol/L NaOH 溶液，观察现象，分别与上述实验（1）对比，有何变化，说明原因。

2. $[Cu(NH_3)_4]SO_4 \cdot H_2O$ 晶体的析出

取一支试管，加入 5 滴饱和 $CuSO_4$ 溶液，逐滴滴加 6 mol/L 氨水直至最初生成的 $Cu_2(OH)_2SO_4$ 沉淀又溶解为止，再多加数滴，然后逐滴加入 95% 酒精至析出结晶，溶液呈浑浊为止，静置数分钟，观察溶液底部析出的结晶。

3. 配离子和简单离子的区别

（1）取一支试管，加入 2 滴 0.25mol/L $HgCl_2$ 溶液（有毒），然后滴加 0.1mol/LKI 溶液，观察生成沉淀的颜色，再继续滴入过量的 KI 溶液，观察现象并保留生成溶液。

（2）另取两支试管，一支加入上述保留溶液 5 滴，另一支加入 5 滴 0.25mol/L $HgCl_2$ 溶液。然后在两支试管中各加入 2 滴 0.1mol/L KI 溶液，观察现象，并解释产生不同现象的原因。

4. 配离子的解离 取两支试管，各加入 2 滴 0.1mol/L $AgNO_3$ 溶液，再各加入 5 滴 2mol/L 氨水，即有 $[Ag(NH_3)_2]^+$ 生成，分别加 2 滴 0.1mol/L NaCl 和 KI 溶液，观察现象，并解释产生不同现象的原因。

5. 配位平衡的移动 取一支试管，加入 2 滴 0.1mol/L $AgNO_3$ 溶液和 8 滴 2mol/L 氨水，即有 $[Ag(NH_3)_2]^+$ 生成，再加入 2 滴 0.1mol/L NaCl 溶液，观察现象，然后加入 6mol/L HNO_3 溶液 5 滴，观察现象，并解释之。

6. 配离子稳定性的比较 取两支试管，各加入 3 滴 0.1mol/L $AgNO_3$ 溶液，向其中一支试管中加入 0.1mol/L $Na_2S_2O_3$ 溶液，直至生成的沉淀溶解后，再过量 2 滴，即有 $[Ag(S_2O_3)_2]^{3-}$ 生成；向另一支试管中逐滴加入 2mol/L 氨水，直至生成的沉淀溶解后，再加入 2 滴使过量，即有 $[Ag(NH_3)_2]^+$ 生成。然后向两支试管中各加入数滴 0.1mol/L NaBr 溶液，观察是否都有沉淀生成，根据结果，比较 $[Ag(NH_3)_2]^+$ 和 $[Ag(S_2O_3)_2]^{3-}$ 配离子稳定性的相对大小，并解释之。

五、实验注意事项

（1）注意观察配合物的颜色、溶解性、稳定性等变化。

（2）注意溶液的酸度变化。注意沉淀剂、氧化剂或还原剂以及其他配体的存在，对配位平衡的影响。

思考题

（1）配合物由哪些部分组成？

（2）配离子和简单离子的性质有什么区别？

（3）影响配位平衡的因素有哪些？

（丁素君）

实验四十六 溶胶的制备及其性质

一、实验目的

（1）练习溶胶溶液的制备。

（2）验证溶胶的光学性质和电学性质。

（3）熟悉溶胶的聚沉和高分子化合物溶液对溶胶的保护作用。

二、实验原理

分散相的直径在 1～100nm，固体分散相分散在互不相溶的液体介质中所形成的胶体称为溶胶。包括溶胶和高分子化合物溶液。

溶胶的制备方法有分散法和凝聚法两类，本实验采用凝聚法，通过化学反应制备溶胶。如 AgI 溶胶的制备：

$$AgNO_3 ＋ KI \longrightarrow AgI（溶胶）＋ KNO_3$$

当溶液中 $AgNO_3$ 过量时，得正溶胶；当溶液中 KI 过量时，得负溶胶。

溶胶稳定的主要因素是胶粒带电和水化膜的存在，溶胶稳定的因素一旦受到破坏，胶体容易发生聚沉。聚沉是溶胶粒子聚集变大的结果。溶胶聚沉的方法很多，如加入少量电解质、相反电荷溶胶的相互作用、加热溶胶以及加大溶胶的浓度等。其中，加入电解质的作用最为重要，电解质反离子对溶胶聚沉起主要作用。并且，反离子的电荷数越高，电解质的聚沉能力越强。

在溶胶中加入足量的高分子化合物溶液，能降低溶胶对电解质的敏感性而提高溶胶的稳定性，这种作用称为高分子化合物溶液对溶胶的保护作用。

溶胶的胶粒直径较大，对光线可发生散射作用。在暗室中，将一束聚光通过胶体，在与光线垂直的方向可观察到一个发亮的光柱，这个现象就是丁铎尔现象，由此现象可以区分胶体分散系与分子离子分散系和粗分散系三类分散系。

溶胶是高度分散的不均匀体系，胶粒表面能很大，易吸附与其组成相同的离子而带电荷，带电胶粒在电场中定向移动的现象称为电泳，由电泳的方向可判断胶粒所带的电荷。

三、实验材料

仪器：试管、试管夹、酒精灯、玻璃棒、小烧杯、锥形瓶、电泳仪、手电筒

试剂：1% 明胶溶液

0.2mol/L 下列溶液：$FeCl_3$、NaCl、Na_2SO_4、Na_3PO_4。

0.1mol/L 下列溶液：NaCl、$CaCl_2$、$AlCl_3$。

0.01mol/L 下列溶液：$AgNO_3$、KI、KNO_3。

四、实验内容与操作步骤

1. 溶胶的制备

（1）Fe（OH）$_3$ 溶胶　将 50mL 蒸馏水盛于小烧杯中煮沸，然后边搅拌边慢慢加入 4mL 0.2mol/L $FeCl_3$ 溶液，继续搅拌至生成红色的 Fe（OH）$_3$ 溶胶即可。

（2）AgI 溶胶　在锥形瓶中加入 30mL 0.01mol/L KI 溶液，然后从滴定管中把 0.01mol/L $AgNO_3$ 溶液慢慢地滴加 20mL 于锥形瓶中，即得 AgI 负溶胶（A）。

按同样方法将 10mL 0.01mol/L KI 溶液慢慢地滴入 15mL 0.01mol/L $AgNO_3$ 溶液中，即得 AgI 正溶胶（B）。

上面所制备溶胶留待下面实验用。

2. 溶胶的光学性质和电学性质

（1）丁铎尔效应　取 $Fe(OH)_3$ 溶胶于试管中，在黑暗的背景下用手电筒照射溶胶。在与光束垂直方向上观察溶胶的光柱现象并作出解释。

（2）电泳　取洁净干燥的 U 形管，注入一定量的 $Fe(OH)_3$ 溶胶，然后用滴管在 U 形管两端慢慢注入 0.01 mol/L KNO_3 溶液，使之与溶胶形成明显的界面。将两支石墨电极分别插入 KNO_3 液层中（切勿搅动界面），并与直流电源的正、负极连接。接通直流电源并把电压调至 200V，几分钟后，可以看到溶胶与 KNO_3 液层的界面向一极移动，判断 $Fe(OH)_3$ 溶胶带什么电荷，并解释原因。

3. 溶胶的聚沉

（1）电解质对溶胶的作用　取 3 支试管，各加入 2mL $Fe(OH)_3$ 溶胶，然后分别加入 1 滴 0.2mol/L NaCl 溶液、0.2mol/L Na_2SO_4 溶液和 0.2mol/L Na_3PO_4 溶液，振荡试管，观察并比较生成沉淀的量。解释为什么相同浓度的 NaCl 溶液、Na_2SO_4 溶液、Na_3PO_4 溶液对 $Fe(OH)_3$ 溶胶的聚沉能力不同。

另取 3 支试管，各加入 2mL AgI 负溶胶（A），然后分别边振荡边滴加 0.1 mol/L NaCl 溶液、0.1mol/L $BaCl_2$ 溶液和 0.1mol/L $AlCl_3$ 溶液，直到出现沉淀为止。准确记录滴加每种电解质溶液的体积，解释为什么 NaCl 溶液、$CaCl_2$ 溶液和 $AlCl_3$ 溶液对 AgI 溶胶的聚沉能力不同。

（2）正、负溶胶的相互作用　将上述实验制得的 AgI 负溶胶（A）和 AgI 正溶胶（B）按表 46 - 1 所列比例混合，逐个观察混合后现象（溶胶颜色等）。说明各试管中溶胶的稳定程度及其原因。

表 46 - 1　正负溶胶的相互作用

试管编号	1	2	3	4	5	6	7
负溶胶/mL	0	1	2	3	4	5	6
正溶胶/mL	6	5	4	3	2	1	0

（3）加热对溶胶的作用　取 1 支试管，加入 3mL $Fe(OH)_3$ 溶胶，慢慢加热至沸，可观察到什么现象？解释原因。

4. 高分子化合物溶液对溶胶的保护作用　取 3 支试管，各加入 2mL $Fe(OH)_3$ 溶胶和 4 滴质量分数为 1% 的白明胶，摇匀。然后分别加入 1 滴 0.2mol/L NaCl 溶液、0.2mol/L Na_2SO_4 溶液和 0.2mol/L Na_3PO_4 溶液，振荡试管。观察有无沉淀出现，与实验步骤 3（1）的现象比较，并解释原因。

思考题

（1）把 $FeCl_3$ 溶液加到冷水中，能否制得 $Fe(OH)_3$ 溶胶？为什么？

（2）使溶胶聚沉的因素有哪些？它们是如何作用的？

（李品艾）

实验四十七　温度对酶促反应速度的影响

一、实验目的

（1）熟悉温度对酶促反应速度影响的原理、方法和意义。

（2）验证温度对酶促反应速度的影响。

二、实验原理

酶的催化作用受温度的影响很大。一方面，与化学反应一样，提高温度可以增加酶促反应的速度，通常温度每升高10℃，反应速度加快一倍；另一方面，酶是蛋白质，温度的升高可引起蛋白质逐渐变性，甚至导致酶的失活，从而降低酶促反应速度。因此，反应速度随温度升高而升高，当达到最大值以后，随着温度的进一步升高，反应速度反而逐渐下降，以至完全停止反应。酶促反应速度达到最大值时的温度称为某种酶作用的最适温度。高于或低于最适温度时，反应速度逐渐降低。大多数动物酶的最适温度为37～40℃，植物酶的最适温度为50～60℃。但在体外实验时，一种酶的最适温度不是完全固定的，它与作用的时间长短有关，反应时间增长时，最适温度向数值较低的方向移动。因此，只有在反应时间规定了的情况下，才有最适温度。

本实验根据淀粉及其水解产物与碘的呈色反应色泽不同，观察不同温度对唾液淀粉酶活性的影响。

淀粉水解产物：淀粉→紫糊精→红糊精→无色糊精→麦芽糖

　　　　　　　蓝色　　紫色　　红色　　无色　　　无色

三、实验试剂

1. 碘化钾 – 碘液（Lugol 试剂）　　KI 20g 及 I_2 1.27g 溶于 2000mL 水中。

2. 1%淀粉液　　取可溶性淀粉 1g，置小烧杯中，加少量蒸馏水用玻棒搅匀后，缓缓倾入煮沸的蒸馏水（约 60mL）中，再用蒸馏水洗涤小烧杯数次，洗液一并倾入上液中，继续煮沸1分钟，冷至室温，加蒸馏水至 100mL。置冰箱备用，此液不能久存。

四、实验器材

大试管（15×150mm）3 支、试管架 1 支、水浴锅 2 个、温度计 2 支、滴管 4 支、白磁板 1 块。

五、实验操作

1. 实验步骤

（1）准备37℃、60℃及0℃水浴锅各一个。

（2）唾液收集　用清水漱口，用量筒收集唾液 5mL 左右，加蒸馏水 5mL（1:1）。（或含约 20mL 蒸馏水，做咀嚼动作，数分钟后收集到小烧杯中，此即为稀释唾液。）

（3）取试管三支，各加入 1% 淀粉液 5mL，同时分别放入 37℃、60℃ 及 0℃ 水浴中，5 分钟后，加唾液 5 滴，混匀，继续保温。

（4）在白磁板上滴加碘液，每凹 2 滴。

（5）在加入唾液后，每隔一分钟，从各试管中取出样品 1 滴，做 I_2 显色反应，其中一管遇碘不变色即谓达到无色点。立即于每管中加入碘溶液 6 滴，观察颜色，比较反应速度并解释之。将观察到的现象写入表 47 – 1 中。

表 47 – 1　不同温度水浴过程中每个时间段各试管显色反应的颜色

水浴温度	水浴 1 分钟	水浴 2 分钟	水浴 3 分钟	水浴 4 分钟	水浴 5 分钟
0℃					
37℃					
60℃					

2. 注意事项

（1）唾液的收集时，要注意多漱几次，保持清洁。

（2）加入酶液后，要充分混合均匀，保证酶液与全部淀粉液接触反应。

六、临床意义

温度对酶促反应速度的影响在临床实践中具有指导意义。低温条件下，酶的活性下降，但低温一般不破坏酶，温度回升后，酶又恢复活性。所以在护理技术操作中对酶制剂和酶检测标本（如血清等）应放在冰箱中低温保存，需要时从冰箱取出，在室温条件下等温度回升后再使用或检测。临床上低温下手术就是利用酶的这一性质以减慢组织细胞代谢速度，提高机体对氧和营养物质缺乏的耐受力，有利于进行手术治疗。温度超过 80℃ 后，多数酶变性失活，临床应用这一原理进行高温灭菌。

七、联系专业能力

低温保存疫苗；低温下手术；高温高压灭菌。

思考题

（1）高温高压为什么可以灭菌？

（2）为什么要低温保存疫苗？

（宗自卫）

实验四十八   pH 对酶促反应速度的影响

一、实验目的

（1）熟悉 pH 对酶促反应速度影响的原理、方法和意义。

（2）验证 pH 对酶促反应速度的影响。

二、实验原理

pH 影响酶促反应速度，是由于酶本身是蛋白质。pH 不仅影响酶蛋白分子某些基团的解离，也影响底物的解离程度，从而影响酶与底物的结合。当酶促反应速度达到最大值时的溶液 pH 值，称为该酶的最适 pH。不同的酶最适 pH 值不尽相同，人体多数酶的最适 pH 在 7.0 左右。例如唾液淀粉酶的最适 pH 值为 6.8。酶活性通常是通过测定酶促化学反应的底物或产物量的变化来进行观察的。

本实验用唾液淀粉酶为材料来观察酶活性 pH 影响的情况。唾液中含有唾液淀粉酶。淀粉在该酶的催化作用下会随着时间的延长而出现不同程度的水解，从而得到各种糊精乃至麦芽糖、少量葡萄糖等水解产物。而碘液能指示淀粉的水解程度：淀粉遇碘可呈紫色、暗褐色与红色，而麦芽糖与葡萄糖遇碘则不呈颜色反应。

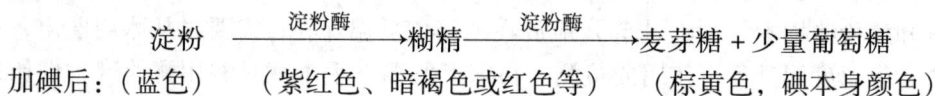

$$\text{淀粉} \xrightarrow{\text{淀粉酶}} \text{糊精} \xrightarrow{\text{淀粉酶}} \text{麦芽糖} + \text{少量葡萄糖}$$

加碘后：（蓝色）　（紫红色、暗褐色或红色等）　（棕黄色，碘本身颜色）

三、实验试剂

1. 碘化钾 – 碘液（Lugol 试剂）   KI 20g 及 I_2 1.27g 溶于 2000mL 水中。

2. 1% 淀粉液   取可溶性淀粉 1g，置小烧杯中，加少量蒸馏水用玻棒搅匀后，缓缓倾入煮沸的蒸馏水（约 60mL）中，再用蒸馏水洗涤小烧杯数次，洗液一并倾入上液中，继续煮沸 1 分钟，冷至室温，加蒸馏水至 100mL。置冰箱备用，此液不能久存。

3. 不同 pH 溶液

（1）A 液：0.2mol/L Na_2HPO_4 溶液：称取 35.62g $Na_2HPO_4 \cdot 12H_2O$，将之溶于蒸馏水后定容至 1000mL。

（2）B 液：0.1mol/L 柠檬酸溶液，称取 19.212g 无水柠檬酸，将之溶于蒸馏水后定容至 1000mL。

①pH5.0 缓冲液：取 A 液 10.3mL、B 液 9.7mL 混合而成。

②pH6.8 缓冲液：取 A 液 14.55mL、B 液 5.45mL 混合而成。

③pH8.0 缓冲液：取 A 液 19.45mL、B 液 0.55mL 混合而成。

四、实验器材

大试管（15×150mm）3 支、滴管 4 支、白磁板 1 块、水浴锅 1 个。

五、实验操作

1. 实验步骤

（1）唾液淀粉酶应用液的制备：用清水漱口，用量筒收集唾液 5mL 左右，加蒸馏水 5mL（1∶1）。（或含约 20mL 蒸馏水，做咀嚼动作，数分钟后收集到小烧杯中，此即为稀释唾液。）

（2）取 3 支试管，按表 48-1 编号进行实验。

表 48-1　试验步骤

管号		1	2	3
0.5% 淀粉（mL）		2	2	2
不同 pH 的缓冲液（mL）	pH5.0	2	—	—
	pH6.8	—	2	—
	pH8.0	—	—	2
稀释唾液（滴）		10	10	10

摇匀后，将各管置于 37℃ 水浴中处理。

（3）每隔 1 分钟从 pH6.8 的试管中取出 1 滴反应液滴于白瓷板上，随后滴加稀碘液 1 滴，观察其颜色变化。

（4）待颜色呈棕色时，向各管中加稀释碘液 1~3 滴。观察各管颜色，比较各管中淀粉水解的程度，解释 pH 对酶活性的影响。

2. 注意事项

（1）唾液的收集时，要注意多漱几次，保持清洁。

（2）加入酶液后，要充分混合均匀，保证酶液与全部淀粉液接触反应

六、临床意义

正常人血液的 pH 值在 7.35~7.45 之间，为碱性体质者，但这部分人只占总人群的 10% 左右，更多人的体液的 pH 值在 7.35 以下，身体处于健康和疾病之间的亚健康状态，医学上称为酸性体质者。与碱性体质者相比，酸性体质者常会感到身体疲乏、记忆力衰退、注意力不集中、腰酸腿痛、老化加快等，到医院检查又查不出什么毛病，如不注意改善，就会继续发展成疾病。当人的体液 pH 值低于中性 7 时，就会产生重大疾病，甚至死亡。

思考题

（1）在临床上使用胃蛋白酶时，常与稀盐酸同服？

（2）临床上检验尿液的 pH 有什么意义？

（朱宝安）

实验四十九　激活剂及抑制剂对酶促反应的影响

一、实验目的

（1）掌握激活剂及抑制剂对酶促反应的影响的原理。

（2）熟悉相关实验的方法及实验仪器的操作。

二、实验原理

酶的活性受某些物质的影响，有些物质能使酶活性增加，称为酶的激活剂；有些物质能使酶的活性降低，称为酶的抑制剂。例如，Cl^- 是唾液淀粉酶的激活剂，Cu^{2+} 是其抑制剂。本实验借助唾液淀粉酶对淀粉的水解作用，观察几种离子对唾液淀粉酶活性的影响。

三、实验试剂

（1）1% 淀粉溶液　称取可溶性淀粉 1g 置于烧杯中，加蒸馏水 5mL 调成糊状，再加入 80mL 蒸馏水中，不断搅拌，待其溶解后加蒸馏水至 100mL。此夜应新鲜配制，防止污染。

（2）碘化钾 – 碘液　取碘化钾 20g 及碘 1.27g 溶于 2000mL 蒸馏水中。

（3）稀释唾液的制备　用清水漱口，清除食物残渣。再含蒸馏水 30mL 进行咀嚼运动，5 分钟后将稀释唾液收集于小烧杯中备用。

（4）1% NaCl 溶液。

（5）1% $CuSO_4$ 溶液。

（6）1% Na_2SO_4 溶液。

四、实验器材

试管、试管架、水浴锅、白磁板、吸量管、滴管。

五、实验操作

（1）准备试管 5 支，按表 49 – 1 加入试剂。

表 49 – 1　实验步骤

加入物（mL）	管 号				
	1	2	3	4	5
蒸馏水	1	2	1	1	-
1% NaCl	1	-	-	-	1
1% CuSO$_4$	-	-	1	-	1
1% 淀粉液	1	1	1	1	1
1% Na$_2$SO$_4$	-	-	-	1	-
稀释唾液（滴）	1	1	1	1	1

（2）各管充分混匀后，置于 37℃ 水浴中，每分钟分别从各管取出反应液 1 滴于白瓷板的小池中，做碘的呈色反应。观察各管的颜色变化，并比较其反应速度。

（3）注意事项

①所有仪器洗净后，要用蒸馏水冲洗（因自来水中含有 Cl$^-$）。

②注意混匀各管的液体。

③严格控制时间，保证各管的反应时间相同，认真观察并及时记录。

六、临床意义

酶的活性受到某些物质的影响，如磺胺类药物和磺胺增效剂分别与对氨基苯甲酸和二氢叶酸结构相似，竞争性地抑制二氢叶酸合成酶和二氢叶酸还原酶的活性，以抑制细菌四氢叶酸的合成，达到抑制细菌生长繁殖的目的；甲氨蝶呤、6 - 巯基嘌呤、5 - 氟尿嘧啶等药物是肿瘤细胞核酸代谢途径中相关酶的竞争性抑制剂，起到抑制肿瘤细胞生长的作用。

七、联系专业能力

酶的激活和抑制可作为临床用药的理论依据。

思考题

（1）上述各管出现颜色变化的原因是什么？

（2）本实验中 Na$_2$SO$_4$ 起什么作用？

（程红娜）

第六章 化合物制备实验

实验五十 乙酰水杨酸（阿司匹林）的制备

一、实验目的

（1）掌握乙酰水杨酸的合成及实验操作方法。
（2）熟悉酰化反应的基本原理。
（3）熟悉重结晶提纯法。

二、实验原理

乙酰水杨酸又称阿司匹林，为常用的解热镇痛药。它有多种合成方法，最常用的方法是将水杨酸与乙酐作用，通过乙酰化反应，使水杨酸分子中的酚羟基上的氢原子被乙酰基取代，生成乙酰水杨酸。为了加速反应的进行，通常加入少量的浓硫酸作为催化剂，其作用是破坏水杨酸分子中羧基与酚羟基间形成的氢键，从而使酰化反应较易完成。

反应方程式如下：

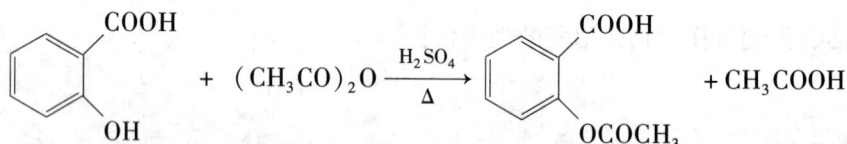

$$\text{(水杨酸)} + (CH_3CO)_2O \xrightarrow[\Delta]{H_2SO_4} \text{(乙酰水杨酸)} + CH_3COOH$$

反应生成的粗制乙酰水杨酸含有未反应的水杨酸，本实验采用醇水混合溶剂进行重结晶提纯，以除去水杨酸及有关杂质。

乙酰水杨酸为白色针状或片状晶体，熔点为136℃，微溶于水，易溶于乙醇、醚。

三、实验材料

仪器：50mL 具塞锥形瓶，恒温水浴锅，50mL 烧杯，布氏漏斗，抽滤瓶，抽滤泵，50mL 量筒，10mL 量筒，台秤，剪刀，滤纸。

试剂：水杨酸，乙酸酐，浓硫酸，95% 乙醇，10g/L $FeCl_3$ 溶液。

四、实验内容和操作步骤

1. 粗制 在干燥的锥形瓶中放置 3.0g（0.022mol）干燥水杨酸和 10mL 乙酸酐，

然后加 5 滴浓硫酸，塞紧胶塞，充分摇动，使固体水杨酸溶解。在 70 ~ 80℃ 水浴中加热 10 ~ 15 分钟，加热过程中不断摇动锥形瓶。冷却至室温后，加入 20mL 蒸馏水，在冰水浴中冷却 20 分钟，直至白色晶体完全析出。抽气过滤，用少许蒸馏水洗涤，抽干，即得粗制的乙酰水杨酸。

2. 检验纯度　取少量粗制品，溶解于几滴乙醇中，加入 10g/L FeCl$_3$ 溶液 1 ~ 2 滴，观察颜色的变化[2]。

3. 粗制乙酰水杨酸的提纯　将粗制乙酰水杨酸放入干燥的 50mL 烧杯中，并用 10mL 95% 乙醇把沾附在布氏漏斗及滤纸上的乙酰水杨酸都洗入烧杯内。在 50 ~ 60℃ 水浴中加热，使其溶解。趁热抽气过滤[3]，将滤液倒入一干净的小烧杯中，加入 20mL 蒸馏水，搅拌后放入冰水中冷却约 10 分钟，结晶完全析出后再进行抽滤，并用少量蒸馏水洗涤结晶 2 次，抽干，即得纯化了的乙酰水杨酸。

取极少量乙酰水杨酸，溶解于几滴 95% 乙醇中，加 10g/L FeCl$_3$ 溶液 1 ~ 2 滴，观察颜色变化，鉴定乙酰水杨酸的纯度。

干燥后称重，计算产率（产量 2.4 ~ 2.5g，收率 65% ~ 67%）。纯乙酰水杨酸的熔点为 136℃。

【注释】

［1］反应温度不宜过高，否则将增加副产品的生成，如水杨酰水杨酸、乙酰水杨酰水杨酸。

［2］粗制品中往往混有一些未反应的水杨酸，可与三氯化铁产生颜色反应。

［3］此处抽气过滤时，布氏漏斗中的滤纸须用少量乙醇湿润。

思考题

（1）本实验使用的仪器为什么必须干燥？

（2）为什么在制备乙酰水杨酸的反应中要加几滴浓硫酸？如果不加对反应将产生什么影响？

（3）重结晶提纯的原理是什么？

（4）乙酰水杨酸的粗产品中加 FeCl$_3$ 溶液是检查什么？为什么用 FeCl$_3$ 溶液可以检查产品的纯度？

（5）通过实验你认为在制备乙酰水杨酸的过程中，应注意哪些问题才能保证有较高的产率？

（张　瑶）

实验五十一 乙酸乙酯的制备

一、实验目的

（1）熟悉乙酸乙酯的制备方法，了解酯化反应的原理。

（2）巩固萃取、常压蒸馏等基本操作。

二、实验原理

有机酸和醇在酸催化下生成酯和水的反应，称为酯化反应。本实验中乙酸乙酯的制备是由乙酸和乙醇在浓硫酸的催化下反应，其反应式为：

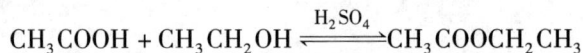

$$CH_3COOH + CH_3CH_2OH \underset{}{\overset{H_2SO_4}{\rightleftharpoons}} CH_3COOCH_2CH_3$$

酯化反应为可逆反应，要提高酯的产率，就必须使反应向有利于生成酯的方向进行。通常采用的方法是，加入过量的羧酸或醇，或者不断地蒸出反应中生成的酯或水，或者两者同时采用。本实验中，为了提高酯的产量，采取加入过量的乙醇的方法。

三、实验材料

仪器：电热套，150mL 圆底烧瓶，100℃和200℃温度计，球形冷凝管，直形冷凝管，接液管，量筒，锥形瓶。

试剂：95% 乙醇，冰乙酸，浓硫酸，饱和食盐水，饱和碳酸钠溶液，饱和氯化钙溶液，无水硫酸镁。

四、实验内容及步骤

在 150mL 圆底烧瓶中，加入 15mL 乙酸和 25mL 乙醇，在振荡下慢慢加入 8mL 浓硫酸，混合均匀后加入 3~5 粒沸石，然后装上球形冷凝管，水浴加热回流 1h。稍微冷却后，改为蒸馏装置，直至沸水浴上不再有馏出物为止，得乙酸乙酯粗品。

向乙酸乙酯粗品中慢慢加入饱和碳酸钠水溶液，使酯层用 pH 试纸检验呈中性。将液体转入分液漏斗中，充分摇振后静置，放出下层水相。有机相用 15mL 饱和食盐水洗涤后，再用 30mL 饱和氯化钙溶液分两次洗涤，弃去下层水相，上层有机相转入干燥的锥形瓶中，用无水硫酸镁干燥。

将干燥好的乙酸乙酯粗品滤入蒸馏瓶中，常压蒸馏，收集 73~78℃的馏分，称重。

五、实验注意事项

（1）反应温度不宜过高，否则会增加副产物乙醚的含量。

（2）加浓硫酸时，要少量缓慢加入，并且边加边振荡烧瓶，避免局部因酸过多而引起有机物的碳化。

（3）用分液漏斗分液时，充分摇振后要注意及时放气。

思考题

（1）要使化学平衡发生移动，可采取哪些措施？
（2）本实验中怎样计算乙酸乙酯的产率？
（3）要提高酯化反应中酯的产率，可使用哪些方法？

（何新蕾）

实验五十二　肉桂酸的合成

一、实验目的

（1）了解佩金（Perkin）反应的原理，熟悉肉桂酸的制备方法。
（2）掌握回流、水蒸汽蒸馏等基本操作。

二、实验原理

芳香醛和酸酐在碱性催化剂的作用下，发生类似羟醛缩合的反应，生成 α，β - 不饱和芳香酸，称为 Perkin 反应。常用的催化剂是相应酸酐的钠盐或钾盐。本实验肉桂酸的制备就是 Perkin 反应的典型应用。本实验按照卡尔宁（Kalnin）所提出的方法，用碳酸钾代替 Perkin 反应中的醋酸钾，不仅操作方便，而且反应时间短，产率高。

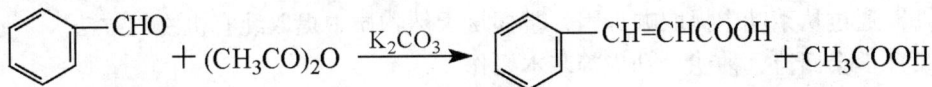

$$\text{C}_6\text{H}_5\text{CHO} + (\text{CH}_3\text{CO})_2\text{O} \xrightarrow{\text{K}_2\text{CO}_3} \text{C}_6\text{H}_5\text{—CH=CHCOOH} + \text{CH}_3\text{COOH}$$

三、实验材料

仪器：圆底烧瓶，球形冷凝管，恒温油浴锅，电热套，直形冷凝管，玻璃棒，抽滤瓶，布氏漏斗，天平，温度计。
试剂：苯甲醛，乙酸酐，无水碳酸钾，10% 氢氧化钠，浓盐酸，蒸馏水。

四、实验内容及操作步骤

在 100 mL 圆底烧瓶中加入 5mL 苯甲醛、14mL 乙酸酐和 7g 研细的无水碳酸钾，装上球形冷凝管，在 170～180℃ 的油浴中回流 45 分钟。由于有二氧化碳产生，最初反应有泡沫出现。待反应物冷却后向其中加入 40 mL 水，浸泡 10 分钟，将瓶中固体轻轻捣碎，然后进行水蒸气蒸馏，蒸出未反应完的苯甲醛。冷却后向其中加入 40 mL 10% 氢氧化钠水溶液，使生成的肉桂酸转化成钠盐而溶解。抽滤，将滤液倒入烧杯中，在搅拌下慢慢滴加 20mL 浓盐酸和 20mL 水的混合液，至溶液呈酸性。冷却结晶，抽滤，用少量冷水洗涤晶体。干燥，称重。

五、实验注意事项

（1）实验中所用的苯甲醛和乙酸酐都必须是新蒸的，否则影响反应的产率。因为放久了的乙酸酐，易吸潮水解成乙酸；久置后的苯甲醛易自动氧化成苯甲酸，这不但影响产率，而且苯甲酸混在产物中不易除净，影响产物的纯度。

（2）反应中所用仪器必须是干燥的。因为乙酸酐遇水能水解成乙酸。

（3）反应后不宜过分冷却或冷却时间过长，否则瓶中的固体会变的很硬，不易捣碎。

思考题

（1）在 Perkin 反应中，如使用与酸酐不同的羧酸盐，会得到几种不同的芳基丙烯酸？为什么？

（2）具有什么结构的醛能进行 Perkin 反应？

（何新蕾）

实验五十三　茶叶中咖啡因的提取

一、实验目的

（1）通过从茶叶中提取咖啡因，掌握从天然物质中提取纯有机物的方法。

（2）学会回流、抽滤、升华等基本操作。

二、实验原理

茶叶中有多种生物碱，其中以咖啡因为主，约占 1% ~ 5%，以春季嫩叶中含量较高。茶叶中还含有少量茶碱、可可碱等生物碱。此外，还有 11% ~ 12% 的鞣酸、0.6% 的色素、纤维素、蛋白质等。咖啡因是弱碱性化合物，易溶于三氯甲烷（12.5%）、水（2%）、乙醇（2%）等，在苯中的溶解度为 1%，鞣酸易溶于水和乙醇，但不能溶解于苯。虽然咖啡因在三氯甲烷和苯中有较大的溶解度，而杂质在这两种溶剂中的溶解度较小，但三氯甲烷和苯有一定毒性。咖啡因能升华，提纯方便，所以本实验还是选用安全价廉的 95% 乙醇作为萃取剂。

含结晶水的咖啡因系无色针状结晶，100℃ 时即失去结晶水，并开始升华，120℃ 时升华相当显著，至 178℃ 时升华很快。无水咖啡因的熔点为 234.5℃。因此可用升华

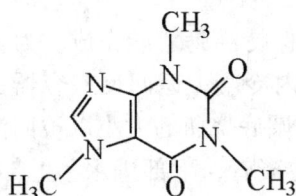
咖啡因

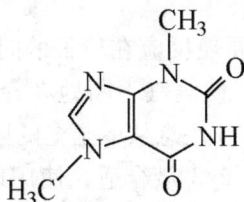
可可碱

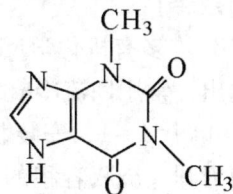
茶碱

的方法提纯咖啡因粗品。

　　咖啡因具有刺激心脏、兴奋大脑神经和利尿作用，主要用作中枢神经兴奋药。咖啡因也是复方阿司匹林药物的组分之一。

三、实验材料

　　仪器：回流装置（图53-1），抽滤装置（图53-2），升华装置（图53-3），蒸发皿，玻璃漏斗，研钵，布氏漏斗等。

　　试剂：95%乙醇，生石灰粉，茶叶末，滤纸。

四、实验内容及操作步骤

　　称取10g茶叶放研钵中研成粉末，置于250mL圆底烧瓶中，加入95%乙醇80mL，安装回流装置[1]，加热回流1小时，停止加热，冷却后抽滤[2]，将滤液倒入100mL圆底烧瓶中，加入沸石，改成蒸馏装置[3]，回收大部分乙醇，当瓶中剩下约5~10mL残液时，立即停止加热，将残液倒入蒸发皿中，烧瓶用少量乙醇荡洗，拌入4~5g生石灰粉末[4]，在蒸汽浴上蒸干乙醇，最后将蒸发皿移至石棉网上，改成升华装置。在蒸发皿上盖一剪有许多小孔的滤纸，再用直径与蒸发皿相近的漏斗罩上，漏斗颈部塞一点疏松的棉花[5]，用酒精灯小火慢慢、均匀地加热，使咖啡因升华[6]。当滤纸孔上有咖啡因针状结晶体时，停止加热，收集咖啡因交给老师保存。

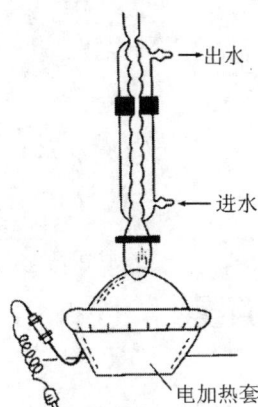
图53-1　回流装置

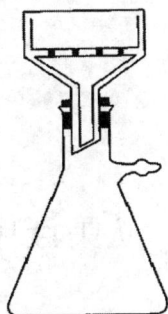
图53-2　抽滤装置

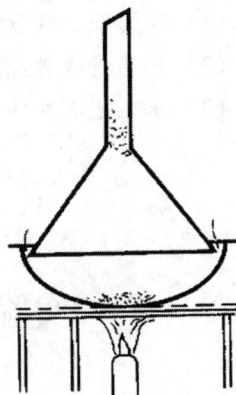
图53-3　升华装置

【注释】

［1］许多有机化学反应需要使反应在较长的时间内保持沸腾才能完成。为了防止蒸汽逸出，常用回流冷凝装置，使蒸汽不断地在冷凝管内冷凝，返回反应容器中。回流装置如图 54 - 1，安装装置时须注意从下至上的原则，圆底烧瓶的大小以被回流溶液的体积为圆底烧瓶容积的 1/3 ~ 2/3 最合适，使用球型冷凝管，下部进水，上部出水。回流前放入 3 粒沸石，先通水，后加热。回流结束时，先停止加热，当瓶内液体不再沸腾时，关闭冷凝水，以与安装相反的顺序拆除装置。

［2］减压过滤通常使用瓷质的布氏漏斗，漏斗装上橡皮塞，装在玻璃的吸滤瓶上，如图 54 - 2，吸滤瓶的支管则用橡皮管与抽气装置连接。若接水泵，吸滤瓶与水泵之间宜连接一个缓冲瓶（配有二通旋塞的吸滤瓶，调节旋塞，可以防止水的倒流）；若用油泵，吸滤瓶与油泵之间应连接吸收水汽的干燥装置和缓冲瓶。滤纸应剪成比漏斗的内径略小，以能恰好盖住所有的小孔为度。过滤时应先用溶剂把平铺在漏斗上的滤纸润湿，然后开动水泵（或油泵），使滤纸紧贴在漏斗上。小心地把要过滤的混合物倒入漏斗中，使固体均匀地分布在整个滤纸面上，一直到几乎没有液体滤出为止，为了尽量把液体除尽，可用玻璃瓶塞压挤过滤的固体。

［3］生石灰起中和作用，以除去部分酸性杂质和吸收少量水分，加入生石灰后，需不停地翻炒以防爆溅而影响产量。

［4］把要精制的物质放入蒸发皿中。用一张剪有若干小孔的圆形滤纸把锥型漏斗的口包起来，把此漏斗倒盖在蒸发皿上，漏斗颈部塞一团疏松的棉花，如图 54 - 3 所示。升华前必须把要精制的物质充分干燥。

［5］在萃取回流充分的情况下，升华操作是实验成败的关键。在升华的全过程中，始终都须严格控制加热温度。温度太高，会使被烘物炭化，把一些有色杂质带出来，使产品不纯。

思考题

（1）咖啡因的提取、分离依据是什么？

（2）要想得到较纯的产品，你认为在实验过程中应注意哪些操作？

（3）加入生石灰的作用是什么？

（何弘水）

实验五十四　从黄连中提取黄连素

一、实验目的

（1）熟悉从中草药中提取生物碱的原理和方法。

（2）进一步巩固蒸馏、抽滤等基本操作。

二、实验原理

黄连是我国名产药材之一，具有较强的抗菌能力，含有黄连素、黄连碱、甲基黄连碱等多种生物碱，其中黄连素（也称小檗碱）是黄连的主要有效成分，其含量可达 4% ~ 10%。

黄连素是黄色针状晶体，微溶于水和乙醇，较易溶于热水和热乙醇中，几乎不溶于乙醚。而其硫酸盐易溶于水，本实验就是利用这些不同的溶解度来提取黄连素的。

黄连素在自然界多以季铵碱的形式存在，结构如下：

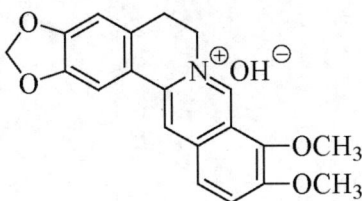

三、实验材料

仪器：索氏提取器（图 54-1），烧杯，量筒，布氏漏斗，抽滤瓶，真空泵，研钵，电热套，玻璃棒，直形冷凝管。

试剂：黄连，95% 乙醇，浓盐酸，石灰乳，广泛 pH 试纸，1% 乙酸。

四、实验内容及操作步骤

称取 10g 中药黄连，放研钵中研磨成粉末，装入索氏提取器的滤纸套筒内，烧瓶内加入 200mL 95% 乙醇，水浴加热回流约 2.5 小时，至提取液颜色较淡为止。蒸馏，回收大部分乙醇，至瓶内残留液体呈棕红色糖浆状，停止加热。加入 1% 的乙酸 60mL，加热溶解后趁热抽滤，除去不溶的固体杂质，将滤液转入烧杯中，滴加浓盐酸，调节滤液的 pH 为 1~2，在冰水中冷却，抽滤，用冰水洗涤结晶两次，即得黄连素盐酸盐的粗品。

将黄连素盐酸盐的粗品放入烧杯中，加入热水至刚好溶

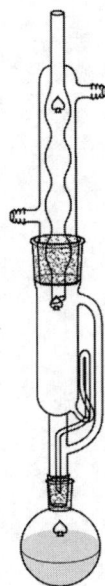

图 54-1 索氏提取器

解，煮沸几分钟，用石灰乳调节 pH 为 8.5~9.5，稍冷后抽滤，滤液冷却至室温以下，即有黄连素结晶析出，抽滤，干燥。

五、实验注意事项

（1）在使用索氏提取器时要小心，其虹吸管易折断。

（2）黄连素的提取回流要充分。

（3）滴加浓盐酸前，不溶物要去除干净，否则影响产品的纯度。

思考题

（1）除黄连外，还可以从哪些植物中提取黄连素？

（2）黄连素为何种生物碱类化合物？

（何新蕾）

第七章　综合实验

实验五十五　葡萄糖酸锌的制备与质量分析

一、实验目的

(1) 掌握蒸发、浓缩、过滤、重结晶、滴定等操作。

(2) 了解锌的生物意义和葡萄糖酸锌的制备方法。

(3) 了解葡萄糖酸锌的质量分析方法。

二、实验原理

锌存在于众多的酶系中，如碳酸酐酶，呼吸酶，乳酸脱氢酸，超氧化物歧化酶，碱性磷酸酶，DNA 和 RNA 聚中酶等中，为核酸、蛋白质、碳水化合物的合成和维生素 A 的利用所必需。锌具有促进生长发育，改善味觉的作用。锌缺乏时出现味觉、嗅觉差，厌食，生长与智力发育低于正常。

葡萄糖酸锌为补锌药，具有见效快、吸收率高、副作用小等优点。主要用于儿童及老年、妊娠妇女因缺锌引起的生长发育迟缓，营养不良，厌食症，复发性口腔溃疡，皮肤痤疮等症。

葡萄糖酸锌由葡萄糖酸直接与锌的氧化物或盐制得。本实验采用葡萄糖酸钙与硫酸锌直接反应：

$$[CH_2OH(CHOH)_4COO]_2Ca + ZnSO_4 \rule[0.5ex]{2em}{0.4pt} [CH_2OH(CHOH)_4COO]_2Zn + CaSO_4 \downarrow$$

过滤除去 $CaSO_4$ 沉淀，溶液经浓缩可得无色或白色葡萄糖酸锌结晶。无味，易溶于水，极难溶于乙醇。

葡萄糖酸锌在制作药物前，要经过多个项目的检测。本次实验只是对产品质量进行初步分析，分别用 EDTA 配位滴定和比浊法检测所制产物的锌和硫酸根含量。《中华人民共和国药典》（2005 年版）规定葡萄糖酸锌含量应在 97.0% ~ 102%。

三、实验材料

仪器：烧杯，蒸发皿，抽滤瓶，布氏漏斗，循环水泵，酸式滴定管（50mL），锥形瓶（250mL），移液管，比色管（25mL），分析天平，恒温水浴箱。

试剂：葡萄糖酸钙（分析纯），硫酸锌（分析纯），活性炭，无水乙醇，EDTA 标准液（0.0500mol/L），铬黑 T 指示剂（取铬黑 T 0.1g 与磨细的干燥 NaCl 10g 研匀，配成固体合剂，保存在干燥器中，用时挑取少许即可），氨 – 氯化铵缓冲溶液（pH = 10），盐酸（3mol/L），标准硫酸钾溶液（硫酸根含量 100mg/L），氯化钡溶液（25%）。

四、实验内容及操作步骤

1. 葡萄糖酸锌的制备　量取 40mL 蒸馏水置烧杯中，加热至 80~90℃，加入 6.7g $ZnSO_4 \cdot 7H_2O$ 使其完全溶解，将烧杯放在 90℃ 的恒温水浴中，再逐渐加入葡萄糖酸钙 10g，并不断搅拌。在 90℃ 水浴上保温 20 分钟后趁热抽滤（滤渣为 $CaSO_4$，弃去），滤液移至蒸发皿中并在沸水浴上浓缩至粘稠状（体积约为 20mL，如浓缩液有沉淀，需过滤掉）。滤液冷至室温，加 95% 乙醇 20mL 并不断搅拌，此时有大量的胶状葡萄糖酸锌析出。充分搅拌后，用倾析法去除乙醇液。再在沉淀上加 95% 乙醇 20mL，充分搅拌后，沉淀慢慢转变成晶体状，抽滤至干，即得粗品（母液回收）。再将粗品加水 20mL，加热至溶解，趁热抽滤，滤液冷至室温，加 95% 乙醇 20mL 充分搅拌，结晶析出后，抽滤至干，即得精品，在 50℃ 烘干，称重并计算产率。

2. 硫酸盐的检查　取上述制取的葡萄糖酸锌 0.5g，加水溶解使成约 20 mL（溶液如显碱性，可滴加盐酸使成中性）；溶液如不澄清，应滤过；置 25mL 比色管中，加稀盐酸 2mL，摇匀，即得供试溶液。另取标准硫酸钾溶液 2.5mL，置 25mL 比色管中，加水使成约 20mL，加稀盐酸 2mL，摇匀，即得对照溶液。在供试溶液与对照溶液中，分别加入 25% 氯化钡溶液 2mL，用水稀释至 25 mL，充分摇匀，放置 10 分钟，同置黑色背景上，从比色管上方向下观察、比较，如发生浑浊，与标准硫酸钾溶液制成的对照液比较，不得更浓（0.05%）。

3. 锌含量的测定　准确称上述制取的葡萄糖酸锌约 0.7g，加水 100mL，微热使溶解，加氨 – 氯化铵缓冲液（pH = 10.0）5mL 与铬黑 T 指示剂少许，用 EDTA 标准溶液（0.05 mol/L）滴定至溶液自紫红色转变为纯蓝色，平行测定三份，计算锌的含量。

4. 数据记录与处理　（1）硫酸盐检查：现象描述、检查结论。

（2）葡萄糖酸锌的含量测定。

记录于表 55 – 1。

表 55 – 1 葡萄糖酸锌的含量测定表

测定次数	1	2	3
m（称量瓶 + 葡萄糖酸锌）/g			
m（称量瓶 + 剩余葡萄糖酸锌）/g			
m（葡萄糖酸锌）/g			
V（EDTA）/mL			
ω（葡萄糖酸锌）			
ω（葡萄糖酸锌）（平均值）			
SD			
RSD			

五、实验注意事项

（1）葡萄糖酸钙与硫酸锌反应时间不可过短，保证充分生成硫酸钙沉淀。

（2）抽滤除去硫酸钙后的滤液如果无色，可以不用脱色处理。如果脱色处理，一定要趁热过滤，防止产物过早冷却而析出。

（3）在硫酸根检查试验中，要注意比色管对照管和样品管的配对；两管的操作要平行进行，受光照的程度要一致，光线应从正面照入，置白色背景（黑色浑浊）或黑色背景（白色浑浊）上，自上而下地观察。

思考题

（1）如果选用葡萄糖酸为原料，以下四种含锌化合物应选择哪种？为什么？

ZnO　　　　　　$ZnCl_2$　　　　　　$ZnCO_3$　　　　　　$Zn(CH_3COO)_2$

（2）葡萄糖酸锌含量测定结果若不符合规定，可能有哪些原因引起？

（王　烨）

实验五十六　药用氯化钠的制备及纯度检验

一、实验目的

（1）掌握药用氯化钠的制备原理和方法。

（2）练习称量、溶解、过滤、沉淀、蒸发浓缩等基本操作。

（3）熟悉定性检验有关杂质离子的基本操作。

二、实验原理

药用 $NaCl$ 是以粗食盐为原料提纯的。

粗食盐中含有不溶性杂质（少量泥沙、有机物等）和可溶性杂质（含有 SO_4^{2-}、CO_3^{2-}、I^-、K^+、Ca^{2+}、Mg^{2+}、Fe^{3+} 以及一些其他金属离子等）。这些杂质的存在不仅使食盐极易潮解，影响食盐的贮运，而且也不适合药用的要求，因此制备药用 $NaCl$ 必须除去这些杂质。

不溶性杂质，可采用溶解和过滤的方法除去。

可溶性杂质可根据其性质借助于化学方法除去。

粗食盐除杂的具体方法为：

1. 溶解　首先将粗食盐溶于水，通过过滤与不溶性杂质分离。

2. 除去 SO_4^{2-}　在滤液中加入稍过量的 $BaCl_2$ 溶液，可将 SO_4^{2-} 转化为难溶解的

$BaSO_4$ 沉淀而除去：

$$Ba^{2+} + SO_4^{2-} = BaSO_4\downarrow$$

3. 除去 Mg^{2+}、Ca^{2+}、Ba^{2+}、Fe^{3+}等阳离子 将溶液过滤，除去 $BaSO_4$ 沉淀。然后再加入 NaOH 和饱和 Na_2CO_3 溶液，除去 Ca^{2+}、Mg^{2+} 和过量的 Ba^{2+}，发生下列反应：

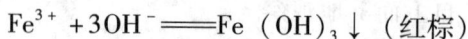

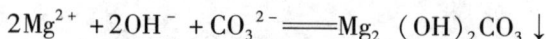

$$Ba^{2+} + CO_3^{2-} = BaCO_3\downarrow （白）$$
$$Ca^{2+} + CO_3^{2-} = CaCO_3\downarrow （白）$$
$$4Mg^{2+} + 5CO_3^{2-} + 2H_2O = Mg(OH)_2 \cdot 3MgCO_3\downarrow （白） + 2HCO_3^-$$
$$Fe^{3+} + 3OH^- = Fe(OH)_3\downarrow （红棕）$$
$$2Mg^{2+} + 2OH^- + CO_3^{2-} = Mg_2(OH)_2CO_3\downarrow$$

食盐溶液中的杂质 Mg^{2+}、Ca^{2+} 以及沉淀 SO_4^{2-} 时加入的过量 Ba^{2+}，便相应转化为难溶的 $Mg_2(OH)_2CO_3$、$CaCO_3$、$BaCO_3$ 沉淀而通过过滤的方法除去。

4. 除去过量的 CO_3^{2-} 过量的 NaOH 和 Na_2CO_3 可用盐酸溶液中和后除去

$$CO_3^{2-} + 2H^+ = H_2CO_3$$
$$H_2CO_3 = H_2O + CO_2\uparrow$$

5. 浓缩与结晶 少量可溶性杂质如 K^+、I^-、Br^- 等和上述沉淀剂不起作用，仍留在溶液中，由于含量极小，可根据溶解度的不同将其除去。在蒸发和浓缩食盐溶液时，NaCl 先结晶出来，上述杂质仍留在溶液中。吸附在 NaCl 晶体上的少量杂质可通过洗涤而除去，药用 NaCl 可进行重结晶，最后得到高纯度 NaCl。

三、实验材料

仪器：台秤、烧杯、量筒、加热设备（酒精灯、三角架或电热套、控温电炉）、石棉网、抽滤装置（布氏漏斗、抽滤瓶、减压装置等）、普通漏斗、漏斗架、蒸发皿、玻璃棒、试管、滴管、滤纸、pH 试纸。

试剂：粗食盐、1mol/L $BaCl_2$ 溶液、6 mol/L HCl 溶液、饱和 Na_2CO_3 溶液、1mol/L NaOH 溶液、6mol/L $NH_3 \cdot H_2O$、0.25mol/L $(NH_4)_2C_2O_4$ 溶液、镁试剂、活性炭、蒸馏水。

四、实验内容及操作步骤

（一）粗食盐的制备

1. 溶解 在台秤上称取 25.0g 粗食盐，放入 250mL 烧杯中，加入蒸馏水 100mL，搅拌，加热使其溶解（不溶性杂质沉于底部），并用普通漏斗过滤[1]。

2. 除去 SO_4^{2-} 继续加热至近沸，边搅拌边逐滴加入 1mol/L $BaCl_2$ 溶液约 4~5mL 至沉淀完全[2]。继续加热煮沸约 5 分钟，使颗粒长大而易于过滤。将烧杯从石棉网上取下，待沉淀沉降后，在上层清液中加 1~2 滴 1mol/L $BaCl_2$ 溶液，如果出现混浊，表示 SO_4^{2-} 尚未除尽，需继续加 $BaCl_2$ 溶液以除去剩余的 SO_4^{2-}。如果不混浊，表示 SO_4^{2-} 已除尽。稍冷，用普通漏斗过滤。

3. 除去 Mg^{2+}、Ca^{2+}、Ba^{2+}、Fe^{3+}等阳离子 将滤液加热至近沸，在搅拌下逐滴加入饱和 Na_2CO_3 溶液至不再产生沉淀。再滴加少量 1mol/L NaOH 溶液，使 pH 为 10~

11。继续加热至沸，在上层清液中，加几滴饱和 Na_2CO_3 溶液，如果出现混浊，表示 Ba^{2+} 未除尽，需在原溶液中继续加 Na_2CO_3 溶液直至除尽为止。稍冷，用普通漏斗过滤。

4. 除去过量的 CO_3^{2-} 将 6mol/L HCl 逐滴加入滤液，边加边搅拌，调节滤液 pH 3 ~ 4（用 pH 试纸检查），以防一次加入过量酸而使酸度不合要求。

5. 浓缩与结晶 将溶液倒入蒸发皿中，置石棉网上加热蒸发浓缩，并不断搅拌，浓缩至糊状稠液为止，但不可将溶液蒸发至干，冷却后，用布氏漏斗过滤，尽量将结晶抽干，称出产品的质量，并计算提纯率。

$$提纯率（\%）= \frac{精盐的质量（g）}{粗盐的质量（g）} \times 100$$

（二）产品纯度的定性检验

取原料粗盐和产品精盐各约 1g，分别加入 10mL 蒸馏水，溶解后分装于 3 支试管中，将其组成 3 组（每组分别有盛装粗盐和产品溶液的试管各一支），对照检验其纯度。

（1）SO_4^{2-} 的定性检验 在第一组溶液中，各加入 2 滴 1mol/L $BaCl_2$ 溶液，比较沉淀产生的情况，在提纯的食盐溶液中应无 $BaSO_4$ 白色沉淀产生。

（2）Ca^{2+} 离子的检验 在第二组溶液中，各加入 5 滴 6mol/L$NH_3 \cdot H_2O$，2 滴 0.25mol/L $(NH_4)_2C_2O_4$ 溶液，在提纯的食盐溶液中应无 CaC_2O_4 白色沉淀产生。

（3）Mg^{2+} 离子的检验 在第三组溶液中，各加入 2 滴 1mol/L NaOH 溶液，使溶液呈碱性（用 pH 试纸检验），再各加入 1 ~ 2 滴镁试剂[3]，在提纯的食盐溶液中应无天蓝色沉淀产生。

观察各试管中现象，比较原料粗盐和产品精盐的区别，判断产品杂质的存在情况。

五、注释

[1] 过滤时，根据漏斗大小取滤纸一张，对折两次，第二次对折时使滤纸两边相交成 10° 的角，展开滤纸使呈圆锥形，放在漏斗里用水润湿，使其紧贴在漏斗内壁上并将漏斗固定在漏斗架或铁架台的铁圈上。另取一干净烧杯放在漏斗下面接收滤液。将粗盐溶液沿玻璃棒慢慢倾入漏斗内进行过滤。倾注液体时，玻璃棒下端应朝着滤纸的重叠层，先倾入上层清液，并使漏斗内的液面低于滤纸的边缘。仔细观察滤纸上的不溶物及滤液的透明度（如溶液有色可加入少量活性炭，加热至 80℃ 左右保温约 5 分钟，过滤），若滤液仍浑浊，则应检查滤纸是否破损或仪器是否不洁。如均无问题可再进行一次过滤操作。

[2] 为了检查沉淀是否完全，可停止加热，待沉淀沉降后，用滴管吸取少量上层清液于试管中，加 2 滴 6 mol/L HCl 酸化，再加 1 ~ 2 滴 $BaCl_2$ 溶液，如无混浊，说明已沉淀完全。如出现混浊，则表示 SO_4^{2-} 尚未除尽，需继续滴加 $BaCl_2$ 溶液。

[3] 镁试剂：对硝基苯偶氮间苯二酚，一种有机染料，属于吸附指示剂类。在酸性溶液中呈黄色，在碱性溶液中呈红色或紫色，但被 $Mg(OH)_2$ 沉淀吸附后，则呈天蓝色。结构式：

$$O_2N-\underset{}{\bigcirc}-N=N-\underset{}{\bigcirc}\overset{HO}{\underset{OH}{}}$$

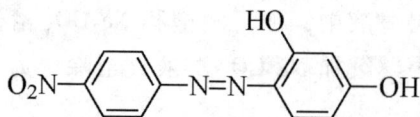

六、实验注意事项

（1）常压过滤中，注意滤纸折叠，"一贴，二低，三靠"。

（2）蒸发结晶时，溶液量可分批加入蒸发皿，以不超过其容量的 2/3 为宜，要用玻璃棒边加热边搅拌蒸发液，防止局部受热，液体飞溅，开始可大火加热，后改小火加热，用余热蒸干滤液。

（3）采用减压抽滤时，①布氏漏斗和抽滤瓶规格要合适、配套，二者之间的连接处应用橡皮塞塞紧，不能漏气；②抽滤装置应洗干净，以避免带进新杂质。抽滤瓶能耐负压，但不能加热；③滤纸大小应正好覆盖住布氏漏斗的底部，不能太小而盖不住布氏漏斗的孔，也不能太大而在布氏漏斗底部折叠起来，且不能破裂；④安装布氏漏斗时，布氏漏斗的斜口要对着抽滤瓶的抽气口，漏斗颈下口离支管尽可能远些；⑤滤液不能加得太满；⑥抽滤结束时，先拔抽气管，后关循环泵，以防倒吸；⑦本实验不能用水冲洗滤纸上的晶体。

思考题

（1）用盐酸调节 pH 时，若用量一次过多造成反复调节，会对粗食盐提纯的实验结果造成什么影响？

（2）为什么先加 $BaCl_2$ 后加 Na_2CO_3？为什么要将 $BaSO_4$ 过滤掉才加 Na_2CO_3？什么情况下 $BaSO_4$ 可能转化为 $BaCO_3$？（已知 $K_{SP(BaSO_4)} = 1.1 \times 10^{-10}$　$K_{SP(BaCO_3)} = 5.1 \times 10^{-9}$）

（3）为什么选用 $BaCl_2$、Na_2CO_3 作沉淀剂？除去 CO_3^{2-} 用盐酸而不用其他强酸？

（4）在烘炒 NaCl 前，要尽量将 NaCl 抽干，其主要因是什么？

（张　静）

实验五十七　离子鉴定和未知物的鉴别—设计实验

一、实验目的

运用所学的元素及化合物的基本性质，进行常见物质的鉴定或鉴别，进一步巩固常见的阳离子和阴离子重要反应的基本知识。

二、实验原理

依据物质的性质及物质的分离、焰色反应、显色反应等操作

三、实验内容

（1）鉴别四种黑色和近于黑色的氧化物：CuO、Co_2O_3、PbO_2、MnO_2。

①$CuO + 2HCl =\!\!= CuCl_2 + H_2O$（溶液呈淡蓝色）

$2Cu^{2+} + [Fe(SCN)_6]^{4-} =\!\!= Cu_2[Fe(SCN)_6] \downarrow$（红棕色）

②$Co_2O_3 + 6HCl =\!\!= 2CoCl_2 + Cl_2 \uparrow + 3H_2O$　（溶液呈粉红色）

$Co^{2+} + 4SCN^- =\!\!= [Co(SCN)_4]^{2-}$（在水中不稳定，易离解成 Co^{2+}、SCN^-）

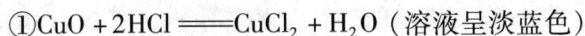

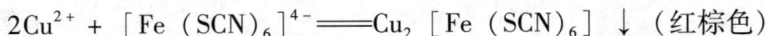

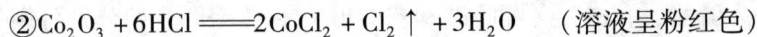

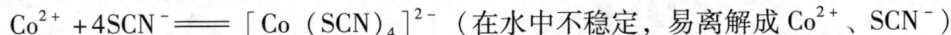

取 1mL $CoCl_2$ 溶液于试管中，加入少量的硫氰酸钾固体，再加入 0.5mL 戊醇和 0.5mL 乙醚，振荡后，观察到水相呈红色，有机相呈蓝色，即证明 Co^{2+} 的存在。

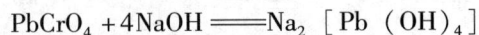

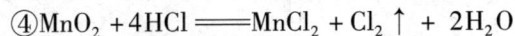

③$PbO_2 + 4HCl =\!\!= PbCl_2 \downarrow$（白色）$+ Cl_2 \uparrow + 2H_2O$

$Pb^{2+} + CrO_4^{2-} =\!\!= PbCrO_4 \downarrow$（黄色）

$PbCrO_4 + 4NaOH =\!\!= Na_2[Pb(OH)_4]$

④$MnO_2 + 4HCl =\!\!= MnCl_2 + Cl_2 \uparrow + 2H_2O$

（2）未知混合液 1、2、3 分别可能含有 Cr^{3+}，Mn^{2+}，Fe^{3+}，Co^{2+}，Ni^{2+} 离子中的大部分或全部，设计一实验方案以确定未知液中含有哪几种离子，哪几种离子不存在。

（3）盛有以下 10 种硝酸盐溶液的试剂瓶标签被腐蚀，试加以鉴别。

$AgNO_3$、$Hg(NO_3)_2$、$Hg_2(NO_3)_2$、$Pb(NO_3)_2$、$NaNO_3$、$Cd(NO_3)_2$、$Zn(NO_3)_2$、$Al(NO_3)_3$、KNO_3、$Mn(NO_3)_2$

思考题

设计实验方案，区别二片银白色金属：铝片和锌片

（李品艾）

实验五十八　酵母 RNA 的分离及组分鉴定

一、实验目的

（1）掌握 RNA 提取的原理，RNA 各组成成分的定性测定方法。

（2）熟悉离心机的使用方法。

（3）了解 RNA 的提取方法。

二、实验原理

酵母富含核酸，其中以 RNA 含量较多（约占干重的 3% ~ 10%），而 DNA 较少（约占干重0.5%），RNA 提取液与菌体分离比较容易。因此，酵母是提取 RNA 的好材料。

将 RNA 从细胞中释放出来主要有三种方法：稀碱法、浓盐法和自溶法。本实验采用浓盐法提取 RNA，是用 10% NaCl 使 RNA 核蛋白中的 RNA 解聚，并溶于盐溶液中，离心除去菌体残渣及变性蛋白质后，调节溶液的 pH 至 RNA 的等电点，再离心 RNA 即可沉淀析出。

RNA 可被酸水解为磷酸、有机碱（嘌呤碱和嘧啶碱）和核糖。它们分别可用下列方法鉴定：

（1）磷酸：能与钼酸作用生成磷钼酸，后者可还原成蓝色的钼蓝。常用的还原剂有氨基萘酚磺酸钠，氧化亚锡或维生素 C 等。

（2）嘌呤碱：与硝酸银产生白色的嘌呤银化物沉淀。

（3）核糖：与苔黑酚（地衣酚）反应，缩合成绿色化合物。

三、实验试剂

干酵母、10% NaCl 溶液、6mol/L HCl、10% H_2SO_4、钼酸铵试剂：2g 钼酸铵溶于100mL 10% 硫酸、4% 维生素 C 溶液（临用前配制，溶液呈深黄色即失效）、0.1mol/L 硝酸银溶液、1mol/L 氨水、苔黑酚试剂：取浓 HCl 100mL，加入 $FeCl_3 \cdot 6H_2O$ 100mg，摇匀，临用前加苔黑酚 100mg。

四、实验器材

沸水浴、离心机、玻璃棒、试管、天平。

五、实验操作

（一）酵母 RNA 的提取

（1）称取 0.5g 干酵母导入玻璃试管内，加入 10% NaCl 5mL，用玻璃棒搅匀后，置沸水浴中加热 10 分钟。

（2）将煮好的酵母溶液倒入离心管，离心 3 分钟，转速 3000 转/分。

（3）将上层清液小心倾入另一试管中，加入6mol/L HCl 2 滴，搅匀（pH 2.0~2.5 接近 RNA 等电点时沉淀最多），净置 5 分钟。

（4）再次离心 10 分钟，转速 3000 转/分，弃去上清液，得到酵母 RNA 沉淀。

（二）RNA 的水解

在上述沉淀中加入 10% 硫酸 5mL，搅匀，沸水浴中 5 分钟。

（三）RNA 组分鉴定

（1）磷酸的鉴定：取试管一支，加入 10 滴水解液，再加钼酸铵试剂 4 滴及 4% 维生素 C6 滴，摇匀，沸水中加热，观察有何变化。

（2）嘌呤碱的鉴定：取试管一支，加入 0.1mol/L 硝酸银 10 滴，再逐滴加入1mol/L氨水，并振荡试管，加氨水至沉淀又溶解，然后加入水解液 10 滴，静置片刻，观察有何变化。

（3）核糖的鉴定：取试管一支，加入 20 滴水解液，再加苔黑酚试剂 20 滴，混匀，沸水浴中加热 2~3 分钟，观察有何变化。

六、注意事项

（1）干酵母和 10% NaCl 浓盐溶液要充分进行搅拌。

（2）离心机在使用时要按照离心机操作规程进行。

（3）在对嘌呤碱进行鉴定时，注意试剂的加入顺序以及氨水的加入量。

（1）浓盐法提取酵母 RNA 的原理是什么？

（2）在离心机使用过程中应该注意哪些事项？

（梁树才）